学电子电工技术 不求人

XUE DIANZI DIANGONG JISHU BUQIUREN

U0343660

# 快学巧学

# 电工基础

马志敏 主编

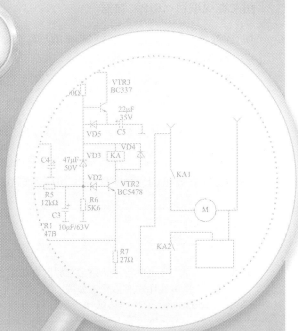

化学工业出版社

·北京·

本书采用双色图解的形式，系统介绍了电工所要学会的基础知识与基础技能，包括电工基础知识、电工基本操作技能、电工仪表、低压电器选用识别、电子元器件识别检测、变压器、电动机、安全用电常识等内容。讲解时，采用两种颜色，将关键内容、关键操作等做重点标记，方便阅读，使重点、难点一目了然。

　　本书可供电工学习使用，也可供职业学校、培训学校相关专业的师生参考。

**图书在版编目（CIP）数据**

快学巧学电工基础：双色图解版/马志敏主编.
北京：化学工业出版社，2017.3
　（学电子电工技术不求人）
　ISBN 978-7-122-28908-7

　Ⅰ.①快… Ⅱ.①马… Ⅲ.①电工-图解
Ⅳ.①TM1-64

　中国版本图书馆CIP数据核字（2017）第014012号

责任编辑：李军亮　　　　　　　　　　　文字编辑：陈　喆
责任校对：王　静　　　　　　　　　　　装帧设计：刘丽华

出版发行：化学工业出版社（北京市东城区青年湖南街13号　邮政编码100011）
印　　装：大厂聚鑫印刷有限责任公司
787mm×1092mm　1/16　印张14　字数311千字　2017年5月北京第1版第1次印刷

购书咨询：010-64518888（传真：010-64519686）　　售后服务：010-64518899
网　　址：http://www.cip.com.cn
凡购买本书，如有缺损质量问题，本社销售中心负责调换。

定　　价：48.00元

# 前言

电工是一个实践性比较强的工种。本书作为电工的基础读物，内容充分考虑了电工的实际工作情况，将电工必备知识和技能进行归纳和提炼，在内容选取上，遵循实用、够用的原则，起点低，注重实用，便于自学入门。

本书介绍了电工基础知识，从最基本的电的知识讲起，讲解了电工常用的工具，导线的使用、检测，常见的低压电器和电子元件的识别选用，变压器、电动机的基本知识，用电常识及临时用电设备的选用等技能知识。

本书采用图解的方式，通过读图，将电工的基础一一讲述，语言通俗易懂、图文并茂，从基础讲起，注重实用性，通过学习本书，使广大读者能在实践中学习，提高电工的知识水平和操作技能。

本书由马志敏主编，参加编写的人员还有：武鹏程、李国强、李俊伟、郭琪雅、郑亚齐、彭飞、孙晓权、孙涛、李军荣、杨耀、王中强、赵培礼。

本书是电工、电子爱好者学习电工、电子技术知识的参考书，也是电工从业人员进阶学习的专业指导书。

由于水平有限，书中难免有不足之处，敬请广大读者批评指正。

编　者

# 目录

**》》》 第3章 电工仪表** ........................................... **081**

## 第4章　低压电器选用识别 ･････････････････････････ 097

## 第5章　电子元器件识别检测 ･･･････････････････････ 117

# 第1章

# 电工基础知识 ◀◀◀

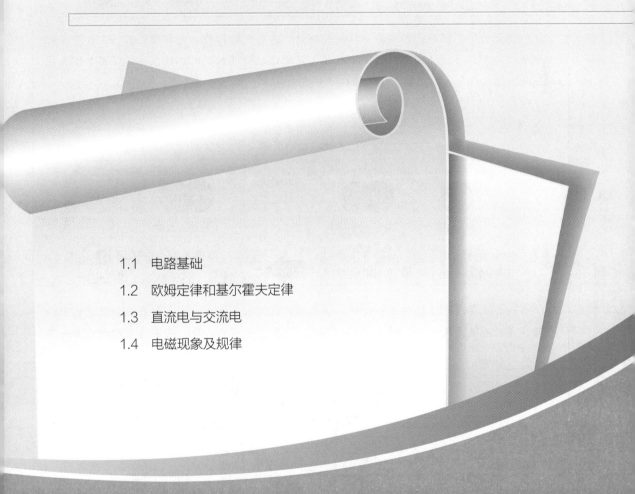

# 1.1 电路基础

## 1.1.1 电路与电路图

所谓电路就是将一些电气设备或元件用一定方式组合起来的电流通路。按功能可分为两大类。

一类是为了实现能量的传输、转换和分配，这类电路称为电力电路。例如，电厂发电机发出的电能，通过升压变压器、输电线、变配电站输送到用电单位，再通过用电设备把电能转换为其他形式的能量，这便组成了供电电路。

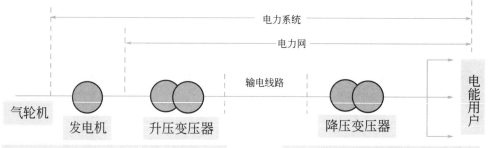

电厂发电机发出的电能，通过升压变压器、输电线、变配电站输送到用电单位 → 通过用电设备把电能转换为其他形式的能量，这便组成了供电电路

另一类是实现信号的传递和处理，这类电路称为信号电路。例如收音机和电视机中的电路，其功能就是使电信号经过调谐、滤波、放大等环节的处理，而成为人们所需要的其他信号。

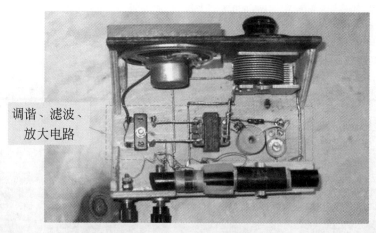

调谐、滤波、放大电路

电路的组成

不论简单还是复杂的电路基本都是由电源、负载和中间环节三部分组成的。

 1 电源 ➡️ 　　电路中电能的来源，其作用是将非电能转换成电能。例如，干电池是将化学能转化为电能，发电机是将机械能转换为电能等。

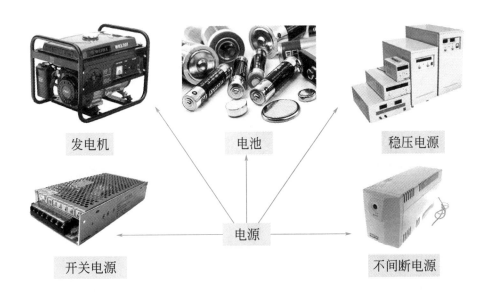

发电机　　　　　电池　　　　　稳压电源

开关电源　　　　　　　电源　　　　　不间断电源

2 负载 ➡️ 　　电路中的用电设备，其作用是将电能转换成其他形式的能（非电能）。例如，灯泡吸收电能转换成光能；电动机把电能转换为机械能等。

电动机　　　　　负载　　　　　灯泡

 3 中间环节 ➡️ 　　是指将电源与负载连接成闭合电路的导线、开关设备、保护设备等，起传递和控制电能的作用。

第一章　电工基础知识

003

　　由实际电气元件组成的电路称为实际电路。实际电气元件在工作时的电磁性质不是单一的，而是比较复杂的。为了便于对实际电路进行分析和计算，通常是将实际电气元件用能够反映其主要电磁特征的理想电路元件来代替。

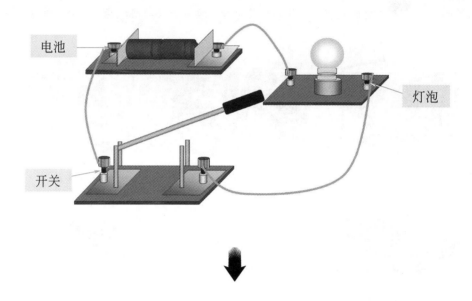

　　理想电路元件（简称电路元件或元件）是具有某种确定的电磁性能的理想化器件。理想电路元件通常包括电阻元件、电感元件、电容元件、理想电压源和理想电流源。

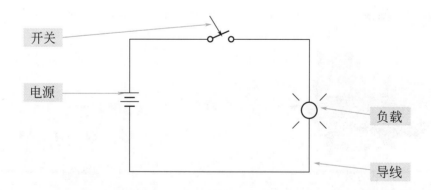

　　前三种元件均不产生能量，称为无源元件；后两种元件是电路中提供能量的元件，称为有源元件。由这些理想电路元件所组成电路就是实际电路的电路模型。

## 1.1.2　电流与电压

电荷在电路中沿着一定方向移动，电路中就有了电流。电流通过导体时会产生各种效应，可以根据产生的效应的大小来判断电流的大小。把一只小灯泡用导线跟一节干电池连通，再把这只小灯泡跟两节干电池连通，注意观察这两种情况下小灯泡的发光亮度。

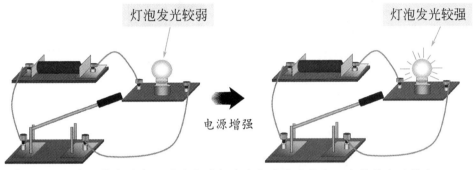

对同一小灯泡，越亮就表示通过它的电流产生的效应越大，也就是电流越大。

电流是由电荷的移动形成的，在一定时间内，通过导体某一横截面的电荷越多，即电量越多，电流就越大。电流的大小用电流强度（简称电流）表示，电流强度等于1s内通过导体横截面的电量。国际上通常用字母$I$表示电流，如果用$Q$表示通过导体横截面的电量，$t$表示通电时间，那么就有：

单位时间内通过的电量，A　　　$I = \dfrac{Q}{t}$　　　通过导体横截面的电量，C
通电时间，s

那么就有：$1A = \dfrac{1C}{1s}$

在相同的时间里，通过横截面$S$的电荷少，电流就小；通过横截面$S$的电荷多，电流就大。如果在10s内通过导体横截面的电量是20C，那么导体中的电流：

$$I = \frac{Q}{t} = \frac{20C}{10s} = 2A$$

电流强度的单位是安培，简称安，符号为A。在实际生活中，安培是一个常用的单位，但对于小电流，常用的单位为毫安（mA）、微安（μA）。换算公式是：$1A = 10^3 mA = 10^6 \mu A$；而对于大电流，常用的单位为千安（即$10^3 A$，符号为kA）。

金属导体中有大量的带有负电荷的自由电子，自由电子的流动形成金属导体中的电流。规定正电荷定向流动方向为电流方向，这与电子流动方向相反，所以电流方向从电源正极指向负极。电荷有两种，电路中有电流时，发生定向移动的电荷可能是正电荷，也可能是负电荷，还可能是正负电荷同时向相反方向发生定向移动。

电场中任意两点间的电位之差称为两点间的电压。电压与水压相似，水压越大，水流越急，反之水压越小，水流越缓；电压越高灯泡就越亮，电压越低灯泡越暗。

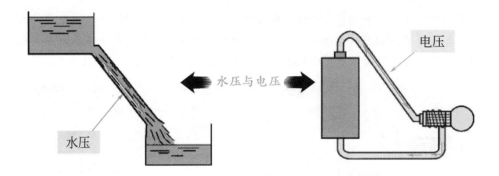

电压的物理意义是电场力对电荷所做的功。下图电路中 $a$、$b$ 两点间的电压 $U_{ab}$ 等于单位正电荷在电场力的作用下从 $a$ 点移动到 $b$ 点所做的功。在电路分析中，电压的计算经常与电位的概念有关。

### 电压分析

在电路分析中，要对电路中的电压选取参考系，即电压的参考极性或参考方向，使电压成为可计算的代数量。电压的参考方向可以用标在电路图中的一对"＋""−"符号来表示。

在电路分析中，通常参考点的选取是任意的，电路中各点的电位数值与参考点的选取有关，而任意两点间的电压则等于该两点电位之差，与参考点的选取无关，例如，$ab$ 间电压 $U_{ab} = V_a - V_b$。因此，电压与电位差是等同的。

在上图中：

若电压 $U = -2V$，则可判断出实际的电压极性是 $b$ 点为正极，$a$ 点为负极。

若 $b$ 点电位高于 $a$ 点电位 $2V$，可以写出 $U = -2V$，$U_{ab} = -2V$，$U_{ba} = 2V$，$V_a - V_b = -2V$。

在国际单位制中，电压的单位为伏特（V），其他常用的单位有千伏（kV）、毫伏（mV）、微伏（μV），一般用单位伏特表示，简称伏；高电压可以用千伏（kV）表示；低电压可以用毫伏（mV）表示。

它们之间的换算关系是：$1kV = 1000V$、$1V = 1000mV$。

# 1.1.3　电阻、电位和电动势

金属容易导电，自由电子在金属中流动时会受到阻碍作用，即导体对电流有阻碍作用。把具有一定几何形状、在电路中起阻碍电流作用的元器件称为电阻器，简称电阻。

电阻器可以稳定和调节电路中的电压、电流，限制电路电流，分配电路电压。电压过高时，用电阻分压；电流过大时，用电阻分流。电阻器大体可分为固定电阻和可调电阻；按材料分又可分为绕线、膜式、实心敏感电阻等。

色环电阻　　　　　　　可变电阻　　　　　　　滑动变阻器

决定导体电阻值的因素有导体对电流的阻碍程度与导体的长度、导体的材料、导体的截面积。

导体截面积越大，导体电阻越小，截面积越小，导体电阻越大。

在其他因素一定的情况下，导体越长，电阻越大；导体越短，电阻越小；导体的电阻率越大，电阻越大。

大量实验结果表明：在温度不变时，导体的电阻（$R$）跟它的长度（$L$）成正比，跟它的横截面积（$S$）成反比。这就是电阻定律，电阻定律的公式为

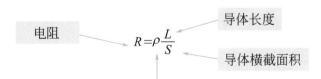

电阻　　　　　　　$R = \rho \dfrac{L}{S}$　　导体长度

导体横截面积

比例常数，它的数值是由导体的材料性质所决定的，叫电阻率

在国际单位制中，电阻的单位是欧姆，简称欧，符号是 $\Omega$。如果导体两端电压是1V，通过的电流是1A，这段导体的电阻就是1$\Omega$。其他的电阻单位还有千欧（k$\Omega$）和兆欧（M$\Omega$），它们的换算关系是：

$$1M\Omega = 1 \times 10^{6}\Omega, \quad 1k\Omega = 1 \times 10^{3}\Omega$$

**电位**

正电荷在电路中某点所具有的能量与电荷所带电量的比称为该点的电位。

电路中的电位是相对的，与参考点的选择有关，某点的电位等于该点与参考点间的电压。在实际电路中，参考点通常选为大地、机器外壳或某一个公共连接点，该点的电位 $V_a=0$。

若电场中选择不同的参考点，某点的电位也是不同的。为了方便，把参考点的电位规定为零，高于参考点的电位为正，反之为负。实际用电器的底板和金属外壳常作为参考点。电位的单位是伏特（简称伏），用字母V来表示。

常用的单位还有千伏（kV）、毫伏（mV）。$1kV = 1 \times 10^3 V = 1 \times 10^6 mV$。

 **电动势**

要想得到持续的电流，离不开电源，电源具有电动势。或者说，电源内部非静电力移送单位正电荷，将其从电源的负极移至正极所做的功，叫电源的电动势。

电动势是反映电源把其他形式的能转换成电能的本领的物理量。电动势使电源两端产生电压。

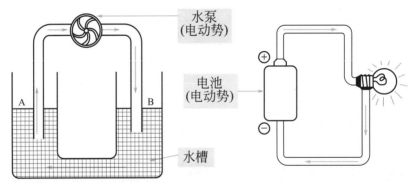

电动势方向指电位升高的方向。在电源内部，由低电位端指向高电位端，即由电源负极指向电源正极。电动势的符号是 $e$。在国际单位制中，电动势的单位为V（伏特），其他常用的单位有kV（千伏）、mV（毫伏）、μV（微伏）。

**电动势与电压的区别**

电动势和电压的物理意义不同，电动势表示了外力（非电场力）做功的能力，而电压表示电场做功的能力，例如新电池做功能力很强，电能充足，但长时间使用后做功的能力会大大下降，这时电压也低了。

电动势只存在于电源的内部，而电压存在于电源的两端，并且存在于电源外部电路中，即电路中的两点之间。

两者方向不同。电动势有方向，在电源的内部，电动势方向与电压方向相反，电动势方向是电位升高的方向，而电压方向是指向电位降低的方向。

快学巧学 电工基础

## 1.1.4 电路的三种状态

 通路

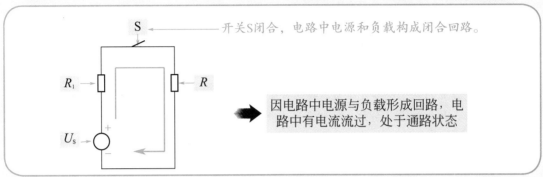

开关S闭合，电路中电源和负载构成闭合回路。

因电路中电源与负载形成回路，电路中有电流流过，处于通路状态

 开路

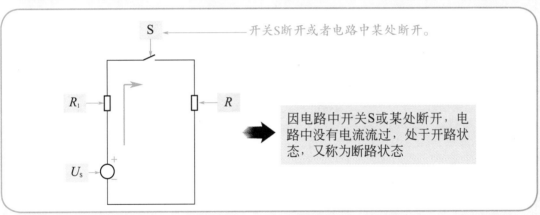

开关S断开或者电路中某处断开。

因电路中开关S或某处断开，电路中没有电流流过，处于开路状态，又称为断路状态

 断路

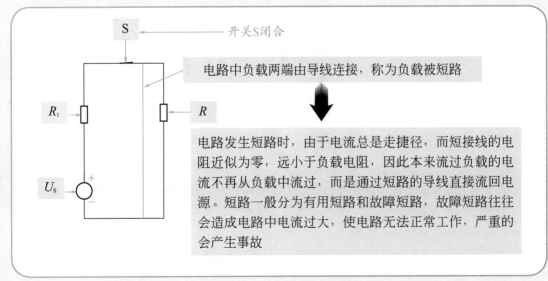

开关S闭合

电路中负载两端由导线连接，称为负载被短路

电路发生短路时，由于电流总是走捷径，而短接线的电阻近似为零，远小于负载电阻，因此本来流过负载的电流不再从负载中流过，而是通过短路的导线直接流回电源。短路一般分为有用短路和故障短路，故障短路往往会造成电路中电流过大，使电路无法正常工作，严重的会产生事故

## 1.1.5 接地与接零

接地

接地是指电力系统和电气装置的中性点、电气设备的外露导电部分和装置外导电部分经由导体与大地相连。

当外壳接地的电气设备发生碰壳短路或带电的相线断线触及地面时，电流就从电气设备的接地体或相线触地点向大地作半球形流散，使其附近的地表面产生跨步电压。距触地点越近的地方，单位距离内的电压降越高，距触地点越远的地方，电压降越低。通常，在直径20m范围以外，电压降接近于零（即"零"电位）。

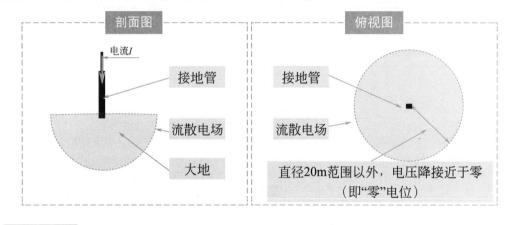

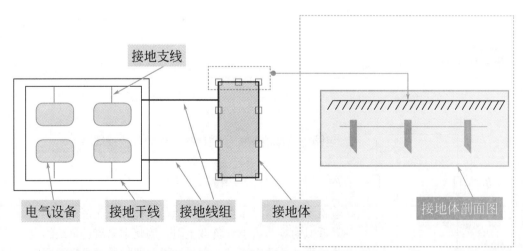

用金属导线将电气设备需要接地的部分与埋入地中（直接接触大地）的金属导体可靠地连接起来，称为接地。其中：金属导线称为接地线，埋入地中的金属导体称为接地体。接地体和接地线总称为接地装置。

快学巧学 电工基础

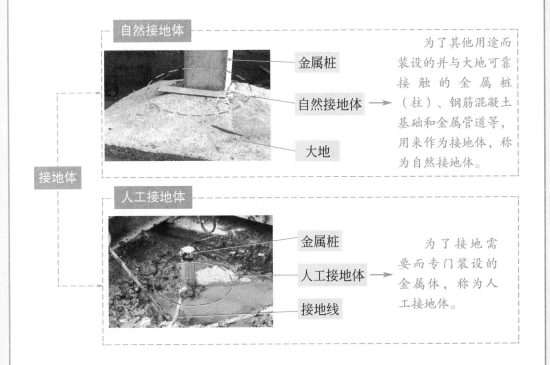

自然接地体

金属桩

自然接地体

大地

为了其他用途而装设的并与大地可靠接触的金属桩（柱）、钢筋混凝土基础和金属管道等，用来作为接地体，称为自然接地体。

接地体

人工接地体

金属桩

人工接地体

接地线

为了接地需要而专门装设的金属体，称为人工接地体。

## 接地线

接地线分为自然接地线和人工接地线。为其他用途装设的金属导线，兼作接地线，称为自然接地线。为接地需要专门安装的金属导线，称为人工接地线。

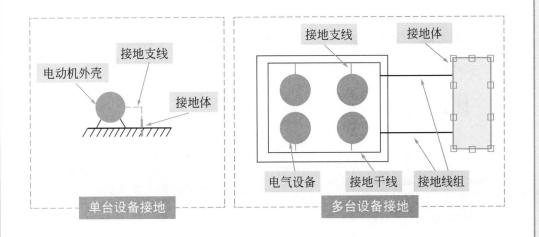

接地支线

接地体

电动机外壳

接地体

接地支线

接地体

电气设备　接地干线　接地线组

单台设备接地

多台设备接地

接地装置按接地体的多少分为单极接地装置、多极接地装置和接地网络三种。

**单极接地装置** ➡ 单极接地装置简称单极接地。它由一支接地体构成，适用于接地要求不太高而设备接地点又较少的场所。如上页图中单台设备的接地方式，接地线一端与接地体连接，另一端与设备接地点连接即可。

**多极接地装置** ➡ 多极接地装置的工作可靠性较高，可减小接地电阻，应用于接地要求较高、设备接地点较多的场所。

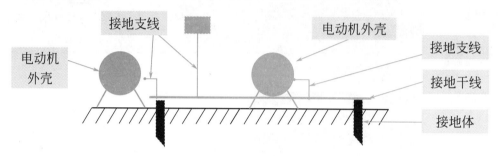

**接地网络** ➡ 接地网应用于发电厂、变电站、配电所和机床设备较多的车间，以及露天加工场等场所。接地网既能够满足设备群的接地需要，又可提高接地装置的工作可靠性，同时还可降低接地电阻。

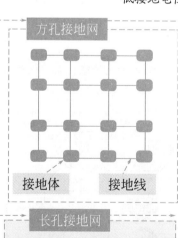

接地电阻是接地装置最主要的技术指标，要求电阻容量够大，体积越小才行。原则上要求接地装置的接地电阻越小越好。

①需接地的设备容量：设备容量越大，其接地电阻越小越好。

②需接地的设备所处地位：凡所处地位越重要的设备，其接地电阻越小越好。

③需接地的设备工作性质：设备的工作性质不同，对其接地电阻的要求也不同。

④需接地的设备数量或价值：需接地的设备越多或价值越高，要求接地电阻越小越好。

⑤几台设备共用的接地装置：其接地电阻应以接地要求最高的一台设备为标准。

**接地的种类**

按照接地作用的不同，接地可分为工作接地、保护接地、保护接零和重复接地等方式。

工作接地

为保证电气设备能可靠地运行，将电力系统中的变压器低压侧中性点接地，称为工作接地。

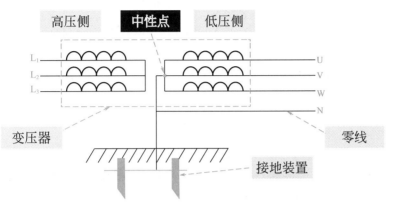

高压侧　中性点　低压侧

变压器　接地装置　零线

保护接地

将所有的电气设备不带电的部分，如金属外壳、金属构架和操作机构及互感器二次绕组的负极，妥善而紧密地进行接地，称为保护接地。

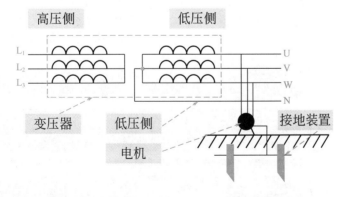

高压侧　低压侧

变压器　低压侧　接地装置

电机

保护接地适用于中性点不接地的低压电网。由于接地装置的接地电阻很小，绝缘击穿后用电设备的熔体就熔断。即使不立即熔断，也会使电气设备的外壳对地电压大大降低，人体与带电外壳接触，不致发生触电事故。

保护接零

在中性点直接接地系统中，把电气设备金属外壳等与电网中的零线作可靠的电气连接，称为保护接零。保护接零可以起到保护人身和设备安全的作用。

第一章 电工基础知识

将变压器和发电机直接接地的中性线连接起来的导线称为零线。在中性点直接接地的380/220V三相四线制电力网中，将电动机等电气设备的金属外壳与零线用导线连接起来，称为保护接零，简称接零。

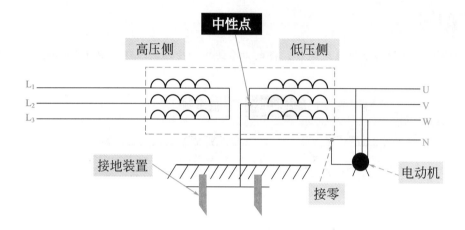

保护接零的作用是，当单相短路时，使电路中的保护装置（如熔断器、漏电保护器等）迅速动作，将电源切断，确保人身安全。

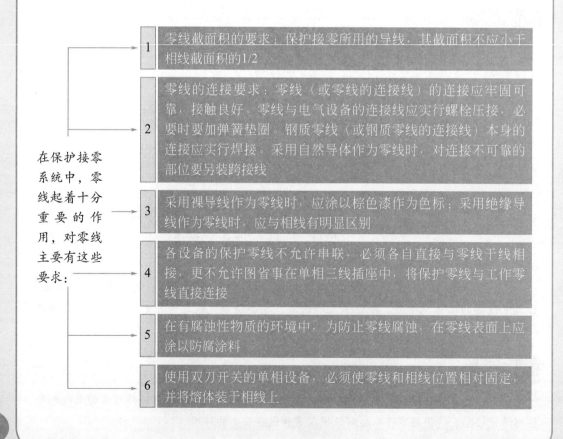

在保护接零系统中，零线起着十分重要的作用，对零线主要有这些要求：

**1** 零线截面积的要求：保护接零所用的导线，其截面积不应小于相线截面积的1/2

**2** 零线的连接要求：零线（或零线的连接线）的连接应牢固可靠，接触良好。零线与电气设备的连接线应实行螺栓压接，必要时要加弹簧垫圈。钢质零线（或钢质零线的连接线）本身的连接应实行焊接。采用自然导体作为零线时，对连接不可靠的部位要另装跨接线

**3** 采用裸导线作为零线时，应涂以棕色漆作为色标；采用绝缘导线作为零线时，应与相线有明显区别

**4** 各设备的保护零线不允许串联，必须各自直接与零线干线相接，更不允许图省事在单相三线插座中，将保护零线与工作零线直接连接

**5** 在有腐蚀性物质的环境中，为防止零线腐蚀，在零线表面上应涂以防腐涂料

**6** 使用双刀开关的单相设备，必须使零线和相线位置相对固定，并将熔体装于相线上

在低压电网中，零线除应在电源（发电机或变压器）的中性点进行工作接地以外，还应在零线的其他地方进行三处以上的接地，这种接地称为重复接地。

重复接地连接示意图

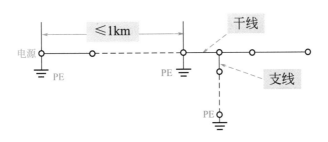

无重复接地，断路时增加触电危险

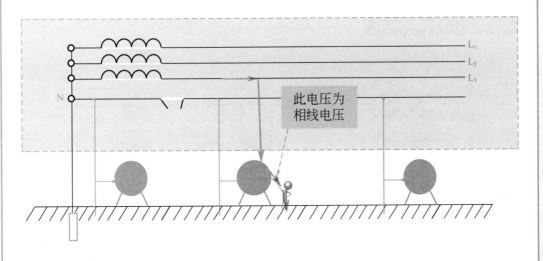

有重复接地，断路时减少触电危险

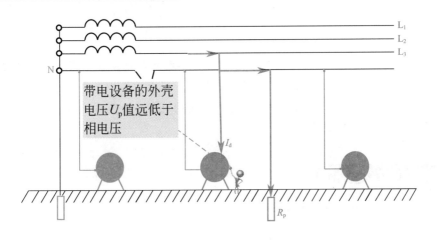

重复接地的作用如下：

减轻零线断路时的触电危险

在上页无重复接地示意图中，当某相碰壳时，零线断开后，由于无重复接地，设备外壳所带的电压均等于相电压，危及人身安全。而在有重复接地的情况下，当零线断路时，由于有重复接地，带电设备外壳的电压 $U_p = I_d R_p$，$R_p$ 的电阻值很小（$R_p \leqslant 10\,\Omega$），$U_p$ 值也远低于相电压，从而减轻了触电危险。

缩短保护装置的动作时间

在三相四线制供电系统中，保护接零与重复接地配合使用，一旦发生短路故障，重复接地电阻与工作接地电阻便形成并联电路，线路阻值减小，加大短路电流，使保护装置更快地动作，缩短故障时间。

降低漏电设备的对地电压

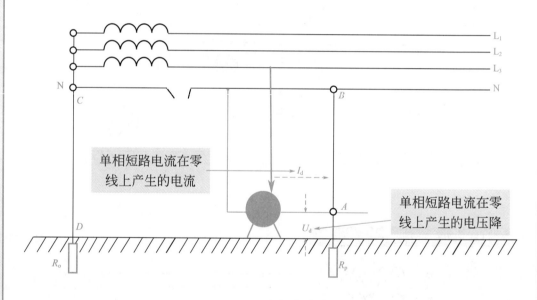

无重复接地时，漏电设备外壳对地电压 $U_d$ 为单相短路电流在零线上产生的电压降：$U_d = I_d Z$（$Z$ 为 $ABCD$ 路径上的阻抗）。有重复接地时，漏电设备外壳对电压 $U_d$，为接地短路电流在重复接地和工作接地构成的并联支路上产生的电压降。显然，此时漏电设备外壳对地电压降低，触电的危险性减小。

改善架空线路的防雷性能

在架空线路的零线上实行重复接地，对雷电流有分流作用。

应重复接地的场合和对重复接地的要求如下：

要求1：关于距离

中性点直接接地低压线路、架空线路的终端、分支线长度超过200m的分支处以及沿线每隔1km处，零线应重复接地。

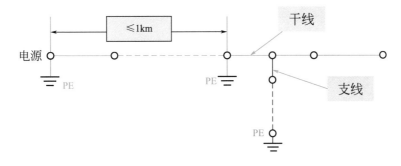

要求2：关于接地体

高、低压线路同杆架设时，两端杆上的低压线路的零线应重复接地。

无专用零线或用金属外皮作为零线的低压电缆，应重复接地。

要求3：关于应用场所

大型车间内部宜实行环形重复接地，除进线处一点外，对角处最远点也应连接。而且车间周边长度超过400m者，每隔200m应有一点连接。

车间内部接地

引入电缆接地

电缆和架空线路在引入车间或建筑物处，若距接地点超过50m，应将零线重复接地，或者在室内将零线与配电屏、控制屏的接地装置相连。

要求4：关于接地线缆

采用金属管配线时，应将金属管与零线连接后再重复接地。

采用塑料管配线时，在管外应敷设截面积不小于10mm²的钢线与零线连接，然后再重复接地。

每一重复接地的接地电阻，一般均不得超过10Ω。而电源（变压器）容量在100kV·A以下者，每一重复接地的接地电阻可以不超过30Ω，但至少应有三处进行重复接地。

第一章 电工基础知识

017

# 1.2 欧姆定律和基尔霍夫定律

## 1.2.1 欧姆定律

 **部分电路欧姆定律**

　　欧姆定律是用来说明部分电路中电压、电流和电阻这三个基本物理量之间关系的定律。它指出：在一段电路中，流过电阻 $R$ 的电流 $I$ 与电阻两端的电压 $U$ 成正比，而与这段电路的电阻成反比，即 $I = U/R$。

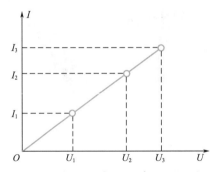

　　在电路中，几个电阻的首尾依次相连，中间没有分支的连接方式叫电阻的串联。

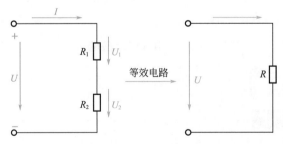

| 1 | 串联电流 | 　　串联电路中，电流处处相等。这是判断电阻串联的一个重要依据，即 $I = I_1 = I_2$。 |
|---|---|---|
| 2 | 串联电压 | 　　根据全电路欧姆定律，串联电阻电路两端的总电压等于各电阻两端分电压之和（串联电阻电路的总电压大于任何一个分电压），即 $U = U_1 + U_2$。 |
| 3 | 串联电阻 | 　　串联电阻的总电阻（等效电阻）等于各串联电阻之和（串联电阻电路的总电阻大于任何一个分电阻）。 |

快学巧学 电工基础

电阻串联电路中，各电阻上的分电压与它们的阻值成正比，根据欧姆定律，有

$$I_1 = \frac{U_1}{R_1} \longrightarrow I_2 = \frac{U_2}{R_2} \longrightarrow I = I_1 = I_2 \longrightarrow \frac{U_1}{R_1} = \frac{U_2}{R_2} = I$$

$$I = \frac{U}{R_1 + R_2}$$

$$U_1 = R_1 \ I = \frac{R_1}{R_1 + R_2} U \longrightarrow U_2 = R_2 \ I = \frac{R_2}{R_1 + R_2} U$$

$$\frac{U_1}{U_2} = \frac{R_1}{R_2}$$

电阻串联时，电阻越大，分到的电压越大，而阻值越小，分到的电压越小，这就是串联电阻电路的分压原理。

计算实例

已知下面电路图，$U_{sr} = 12V$、$R_1 = 350\,\Omega$、$R_2 = 550\,\Omega$、$R_w = 270\,\Omega$，求滑动变阻器在不同位置时 $U_{sc}$ 的变化范围。

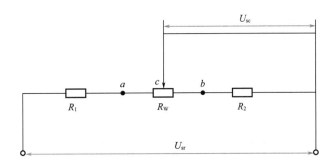

解：将滑动变阻器 $R_w$ 的触点从 $c$ 移动到 $b$，由分压公式得

$$U_{scmin} = \frac{R_2}{R_1 + R_w + R_2} \qquad U_{sr} = \frac{550}{350 + 270 + 550} \times 12 = 5.6\ V$$

将滑动变阻器 $R_w$ 的触点从 $c$ 移动到 $a$，由分压公式得

$$U_{scmax} = \frac{R_W + R_2}{R_1 + R_w + R_2} \qquad U_{sr} = \frac{270 + 550}{350 + 270 + 550} \times 12 = 8.4\ V$$

所以，输出电压 $U_{sc}$ 的变化范围应为 5.6 ~ 8.4V。

电路中，将若干个电阻的一端共同连在电路的一点上，把它们的另一端共同连在电路的另一点上，这种连接方式叫电阻的并联。

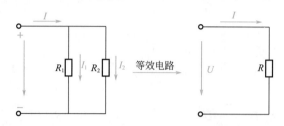

1　并联电流　➡　　　电路的总电流等于各并联电阻分电流之和，并联电路的总电流大于任何一个分电流，即 $I = I_1 + I_2$。

2　并联电压　➡　　　加在各并联电阻两端的电压为同一电压（电阻两端电压相等），即 $U = U_1 = U_2$。

3　并联电阻　➡　　　电路的总电阻（等效电阻）$R$ 的倒数等于各电阻的倒数之和，并联电路的总电阻比任何一个并联电阻的阻值都小，即

$$\frac{1}{R} = \frac{1}{R_1} + \frac{1}{R_2}$$

在一个电路中，既有电阻的串联，又有电阻的并联，这类电路称为混联电路。

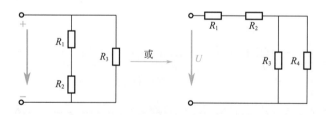

在实际工作中，会遇到种类繁多、连接方式各异的混联电路，但只要能熟练掌握串联和并联的分析方法，就可以进行等值简化，最后得解。

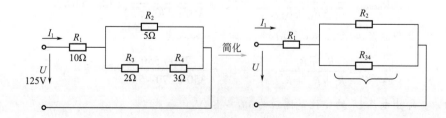

经过上一面的第一轮简化后，可知：$R_3$、$R_4$串联，等效电阻为$R_{34} = R_3 + R_4 = 2 + 3 = 5\Omega$。

$R_2$与$R_{34}$并联，等效电阻为$R_{234} = R_2 R_{34} / (R_2 + R_{34}) = 2.5\Omega$。

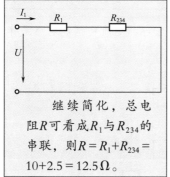

继续简化，总电阻$R$可看成$R_1$与$R_{234}$的串联，则$R = R_1 + R_{234} = 10 + 2.5 = 12.5\Omega$。

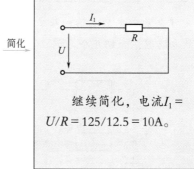

继续简化，电流$I_1 = U/R = 125/12.5 = 10A$。

**全电路欧姆定律**

全电路欧姆定律是用来说明在一个闭合电路中电势、电流、电阻之间基本关系的定律，即：在一个闭合电路中，电流与电源的电动势成正比，与电路中电源的内阻和外阻之和成反比。

**1 定律的三种表达式**

$I = e / (R + r)$、$e = U_{外} + U_{内}$、$U_{外} = e - Ir$。$U_{外}$表示外电路的电压，通常称为路端电压，用$U$表示。路端电压$U$随电流$I$的变化关系如下图所示。

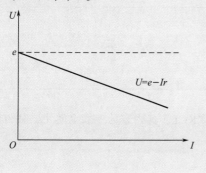

**2 路端电压$U$和外电阻$R$的关系**

$R$增大，$U$变大，当$R = \infty$（断路）时，$U = e$（最大）；$R$减小，$U$变小，当$R = 0$（短路）时，$U = 0$（最小）。

**3 总电流$I$与外电阻$R$的关系**

$R$增大，$I$变小，当$R = \infty$时，$I = 0$；$R$减小，$I$变大，当$R = 0$时，$I = e/r$（$I$最大）。

**4 电源总功率$P_{总} = eI$**

电源输出功率$P_{出} = UI$（外电路功率）；电源消耗的功率$P_{内} = I^2 r$（内电路功率）；线路损耗功率$P_{热} = I^2 R$。

## 1.2.2  基尔霍夫定律

分析电路时除了解各元件的特性外，还应掌握它们相互连接时对电流和电压的约束，这种约束称为互连约束或拓扑约束。表示这类约束关系的是基尔霍夫定律。

基尔霍夫定律是集中参数电路的基本定律，它包括电流定律和电压定律。为了便于讨论，结合下面的电路图，介绍几个名词。

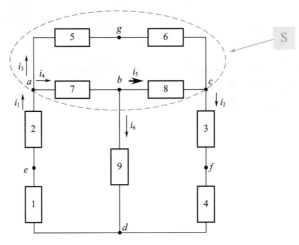

**1 支路** ➡ 电路中流过同一电流的一个分支称为一条支路。如上图中有6条支路，即 $aed$, $cfd$, $agc$, $ab$, $bc$, $bd$。

**2 节点** ➡ 三条或三条以上支路的连接点称为节点。如上图中就有4个节点，即 $a$, $b$, $c$, $d$。

**3 回路** ➡ 由若干支路组成的闭合路径，其中每个节点只经过一次，这条闭合路径称为回路。如上图中就有7个回路，即 $abdea$, $bcfdb$, $abcga$, $abdfcga$, $agcbdea$, $abcfdea$, $agcfdea$。

**4 网孔** ➡ 网孔是回路的一种。将电路画在同一个平面上，在回路内部不另含有支路的回路称为网孔。如上图中就有3个网孔，即 $abdea$, $bcfdb$, $abcga$。

 **基尔霍夫电流定律**

基尔霍夫电流定律是基尔霍夫第一定律，简称KCL，其内容为：在电路中，任何时刻，对任一节点，所有支路电流的代数和恒等于零。

相对于节点 $a$ ：　　　　　　　　　$-i_1 + i_3 + i_4 = 0$

写出一般式子，为　　　　　　　　　$\sum i = 0$

KCL原是适用于节点的，也可以把它推广运用于电路的任一假设的封闭面。如上图中封闭面S所包围的电路，有三条支路与电路的其余部分连接，其电流为$i_1$、$i_6$、$i_2$，则

$$i_6 + i_2 = i_1$$

因为对一个封闭面来说，电流仍然是连续的，所以通过该封闭面的电流的代数和也等于零，也就是说，流出封闭面的电流等于流入封闭面的电流。基尔霍夫电流定律也是电荷守恒定律的体现。

KCL给电路中的支路电流加上了线性约束。以上页图中的节点$a$为例，若已知$i_1 = -5A$，$i_3 = 3A$，则按上一页所示公式就有$i_4 = -8A$，$i_4$不能取其他数值，也就是说，$-i_1 + i_3 + i_4 = 0$为这三个电流施加了一个约束关系。

 **基尔霍夫电压定律**

同样还是针对同一电路，为看图方便，此处仍将电路附图如下。

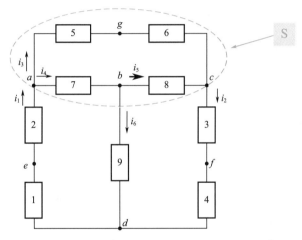

在集中参数电路中，任何时刻，沿着任一个回路绕行一周，所有支路电压的代数和恒等于零，这就是基尔霍夫电压定律，简写为KVL，用数学表达式表示为

$$\Sigma u = 0$$

仔细观察上图，对回路$abcga$应用KVL，有$u_{ab} + u_{bc} + u_{cg} + u_{ga} = 0$。如果一个闭合节点序列不构成回路，如上图的节点序列$acga$，在节点$ac$之间没有支路，但节点$ac$之间有开路电压$u_{ac}$，KVL同样适用于这样的闭合节点序列，即有

$$u_{ac} + u_{cg} + u_{ga} = 0$$

所以，在集中参数电路中，任何时刻，沿任何闭合节点序列，全部电压之代数和恒等于零。这是KVL的另一种形式。将上式改写：

$$u_{ac} = -u_{cg} - u_{ga} = u_{ag} + u_{gc}$$

由此可见，电路中任意两点间的电压是与计算路径无关的，是单值的。所以，基尔霍夫电压定律实质是两点间电压与计算路径无关这一性质的具体表现。

观察右图，根据电路中的元件，试计算出各元件的功率。

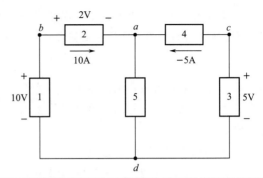

解：为计算各元件功率，须先计算出电流值、电压值。

元件1与元件2串联：

$$i_{db} = i_{ba} = 10A$$

根据此可得知元件1发出功率：

$$P_1 = 10 \times 10 = 100W$$

元件2的功率：

$$P_2 = 10 \times 2 = 20W$$

元件3与元件4串联，$i_{dc} = i_{ca} = -5A$，元件3发出功率：

$$P_3 = 5 \times (-5) = -25W$$

即接受25W。

取回路 $cabdc$，应用KVL，有

$$u_{ca} - 2 + 10 - 5 = 0$$

得

$$u_{ca} = -3V$$

元件4的功率：

$$P_4 = (-3) \times (-5) = 15W$$

取节点 $a$，应用KCL，有

$$i_{ad} - 10 - (-5) = 0$$

得 $\qquad i_{ad} = 5A$

取回路 $adba$，应用KVL，有

$$u_{ad} - 10 + 2 = 0$$

得 $\qquad u_{ad} = 8V$

元件5接受功率：

$$P_5 = 8 \times 5 = 40W$$

根据功率平衡：

$$100 = 20 + 25 + 15 + 40$$

# 1.3 直流电与交流电

## 1.3.1 直流电

"直流电"（Direct Current，简称DC），又称"恒流电"，恒定电流是直流电的一种，是大小和方向都不变的直流电，而提供直流电的电源一般是干电池等元件。

| 干电池 | 蓄电池 | 锂电池 |

## 1.3.2 单相交流电

交流电是交流电动势、交流电压、交流电流的统称，它们的大小和方向是随时间作周期性变化的。交流电可分正弦和非正弦两类，在正弦交流电作用下的电路称为正弦交流电路。正弦交流电有着极其广泛的应用，因此，本节仅讨论正弦交流电，以下所称的交流电均指的是正弦交流电。

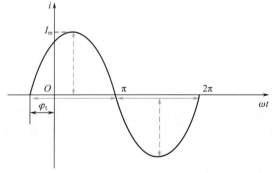

由波形图可见，正弦交流电是周期性变化的，即经过一段时间后，又重复前面的变化，周而复始往复循环。

**1** 周期 ➡ 交流电循环变化一周所需的时间，称为周期，用符号$T$表示，单位为s。

**2** 频率 ➡ 1s内交流电变化的周期数，称为频率，用符号$f$表示，单位为赫，用符号Hz表示。由此可知，频率与周期互为倒数关系，即

$$f=\frac{1}{T} \quad 或 \quad T=\frac{1}{f}$$

我国工业用电的标准频率为50Hz；英国、美国、日本等国家为60Hz，因此，把50Hz或60Hz的交流电又称为工频交流电。

 **正弦交流电动势的产生**

获得正弦交流电动势的方法有多种，在工业上用的是由交流发电机产生的。交流发电机是根据电磁感应原理将机械能转换为电能，下图所示为最简单的两极交流发电机的结构示意图。

在一对磁极N和S之间，放有钢制圆柱形转子，在转子铁芯上绕有转子绕组，为简便起见图中只绕有一匝导线，导线两端分别接到两只互相绝缘的铜质集电环上，集电环与连接外电路的电刷相接触。为了使发电机能产生正弦交流电动势，采用了按一定形状制成的磁极，使磁极与转子之间空气隙中的磁感应强度按正弦规律分布。

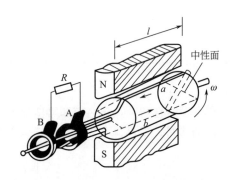

从图中可以看出对应于磁极中心的转子表面的磁感应强度最大，而对应于两极中间的转子表面的磁感应强度为零，通常把两极中间$B=0$的平面称为中性面。转子表面任一点上的磁感应强度$B$为

磁感应强度
最大值，T ➡ $B=B_{m}\sin\alpha$ ⬅ 线圈平面与中性
面的夹角

我们知道，直导体切割磁力线产生的感应电动势$e=Blv$，当导体长度$l$和切割速度$v$一定时，感应电动势$e$就由磁感应强度$B$的大小决定。

**交流电的有效值**

在实际应用中，用来表示交流电大小的物理量不是瞬时值，也不是最大值，而是有效值。

平时所说的交流电数值，各种交流电工仪表的读数都是有效值。有效值用大写字母$E$、$U$、$I$分别表示电动势、电压、电流。

交流电的有效值定义为：将交流电和直流电分别通过阻值相等的两个电阻$R$，如果在一个周期时间内产生的热量相等，则把这个直流电的数值称为交流电的有效值，即把热效应相等的直流电流数值称为交流电流的有效值。交流电动势和交流电压有效值的定义与交流电流有效值的定义是相同的。

---

根据有效值的定义，通过数学运算可得，正弦交流电的有效值是最大值的$1/\sqrt{2}$倍，即

$$E = \frac{E_m}{\sqrt{2}} \approx 0.707 E_m$$

$$U = \frac{U_m}{\sqrt{2}} \approx 0.707 U_m$$

$$I = \frac{I_m}{\sqrt{2}} \approx 0.707 I_m$$

**实例**

一个耐压为250V的电容器，能否接在交流220V的电源上使用？

解：因交流电的最大值为$U_m = \sqrt{2}\ U = \sqrt{2} \times 220 \approx 311\text{V}$

由于交流电的最大值超过了电容器的耐压250V，电容器可能被击穿，所以不能接在220V的电源上。

---

**>> 特别提醒**

电流、电压的大小方向按一定规律（频率）交递变换，比如50Hz就是它的频率，一分钟内大小方向变换50次。电压有时为220V，有时为0V，有时为−220V。平时所说的220V是指的电压有效值。有随正弦规律变换的交流电，也有非正弦交流电。

## 单相三线制

所谓单相三线制是用电器接线的一种方式，这"三线"指的是火线L、零线N和接地线PE。

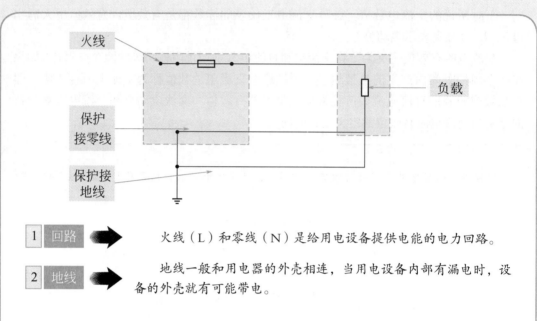

| 1 | 回路 | ➡ | 火线（L）和零线（N）是给用电设备提供电能的电力回路。 |

| 2 | 地线 | ➡ | 地线一般和用电器的外壳相连，当用电设备内部有漏电时，设备的外壳就有可能带电。 |

由于采用了单相三线制，设备外壳的漏电就会通过第三根线，即接地线释放掉，从而保护人身的安全，所以常把地线叫做保护地线。L和N间电压是220V的交流电，也就是单相交流电。民用电源都是采用单相交流220V电压供电的。

## 纯电阻交流电路

在交流电路中，只含有电阻元件的电路叫纯电阻交流电路。

在直流电路中，电阻的定义是导体两端的电压和通过导体的电流的比值。

在交流电路中电阻对交流电的作用和直流电路基本相同，所以欧姆定律、基尔霍夫定律及电压、电流和功率的电路规定，完全可以像直流电路中那样使用。

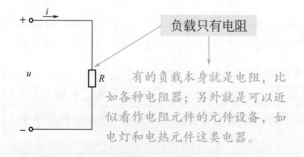

有的负载本身就是电阻，比如各种电阻器；另外就是可以近似看作电阻元件的元件设备，如电灯和电热元件这类电器。

## 纯电阻电路中电压与电流的相位关系

在纯电阻电路中，电压与电流同相位，如下所示。

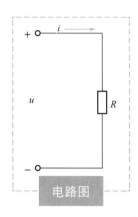

电路图

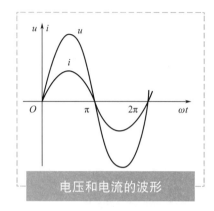

电压和电流的波形

在直流电路中，电压和电流的变化是同步的，电流增大，降落在电阻上的电压就增大；电流减小，降落在电阻上的电压就减小，并且电压和电流始终同方向，电压降低的方向就是电流流动的方向。

在交流电路中，电压和电流都按照正弦规律变化，电流和电压变化的关系是：当正弦交流电的电动势为零时，电路相当于从电源两端开路，电流为零，于是电阻上没有电压降；电动势增大，电流随电动势增大而增大。

## 纯电阻电路中电压与电流的大小关系

正弦交流电的大小在时刻变化，所以讨论电压和电流的大小关系需要说明两者瞬间值的关系，此外，我们经常用有效值来度量一个交流电的大小，所以还要说明两者有效值的关系。

### 瞬间电阻的电流值 ⟶ $i=I_m\sin\omega t$

根据欧姆定律，电阻元件两端的电压和通过它的电流成正比，根据这个关系，电阻两端电压的瞬时值为：

$$u=iR=(I_m\sin\omega t)R=I_mR\sin\omega t=U_m\sin\omega t$$

可见，交流电压和电流都以正弦规律按正比例规律变化。$U_m\sin\omega t=(I_m\sin\omega t)R$ 即 $U_m=I_mR$。通过正弦交流电的最大值和有效值之间的关系，可以得到电压与电流的有效值关系是：

$$\frac{U_m}{I_m}=\frac{U}{I}=R$$

**纯电感电路**

只含有纯电感元件的交流电路叫纯电感电路。

电感

当电路中的电流发生变化时，由于有某些元件的存在，电路可能要阻碍电流的这种变化。电路阻碍电流变化的性质称为电感。

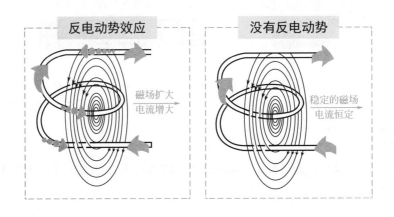

反电动势效应

没有反电动势

磁场扩大
电流增大

稳定的磁场
电流恒定

**纯电感电路中电压与电流的相位关系**

电感两端电压变化时，流过电感的电流总是滞后于电压变化1/4周期。

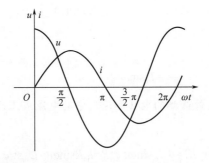

**纯电感电路中电压与电流的大小关系**

由于电感元件两端的电压和流过电感的电流两者相位不一致，所以不能用欧姆定律来表示电感元件上的电压和电流间的关系。

电压和电流的有效值的关系与欧姆定律相似，但是感抗只是电感上电压有效值和电流有效值之比，而不是瞬时值之比。

只含有纯电容元件的交流电路叫纯电容电路。

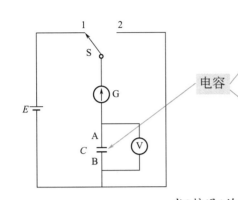

电容

电荷聚集的过程称为电容器的充电过程。

当把电源去除（用短路线代替）时，电容器上存储的电荷会再次输送回电路，我们把电荷输送回电路的过程称之为电容的放电过程。

电容的充电过程 ⟶ 当S接通1的时候，电池给与负极相连接的极板（负极板）提供电子，而从与电池正极相连接的极板（正极板）吸收电子，于是开始累积正电荷。

电容的放电过程 ⟶ 当S接通2的时候，电路中的电源消失，电容两极板间建立起来的电能开始释放，直到正、负电荷完全复合，电容器的放电过程就结束了。

## 纯电容电路中电压与电流的相位关系

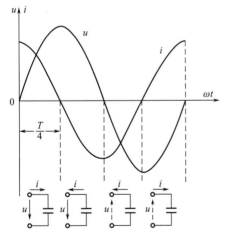

电容两端的电压按照正弦规律变化，电流也是相同：

$$u=U_m\sin\omega t$$

$$i=I_m\sin(\omega t+90°)$$

## 纯电感电路中电压与电流的数量关系

在纯电容电路中，电压有效值与电流有效值成正比例关系变化，它们的比值等于一个常数，我们把它叫电容抗，简称容抗，用"$X_C$"表示，即$X_C=U/I$。

在直流电路中，电压和电流间的这种规律称为欧姆定律。

电压电流数值比例可参看下表。

| 序号 | $U$/V | $I$/A | $X/\Omega$ |
|------|-------|-------|------------|
| 1 | 10 | 0.1 | 100 |
| 2 | 20 | 0.2 | 100 |
| 3 | 30 | 0.3 | 100 |
| 4 | 40 | 0.4 | 100 |
| 5 | 50 | 0.5 | 100 |

第一章 电工基础知识

## 1.3.3　三相交流电

在实际应用中，广泛使用的是三相交流电，它是由三个频率相同、幅值相等、相位上互差120°的单相正弦交流电组成的。通常所说的三相交流电，是三相交流电动势、三相交流电压、三相交流电流的统称。

三相交流电动势是由三相交流发电机产生的，由定子和转子构成。在定子上嵌有三组独立绕组，在空间位置上互成120°电角度，每一组绕组为一相，合称三相绕组。三相绕组的首端分别用$U_1$、$V_1$、$W_1$表示，末端用$U_2$、$V_2$、$W_2$表示。转子是一对磁极的电磁铁，以恒定的角速度$\omega$逆时针方向旋转。由于三相绕组的形状、尺寸、匝数均相同，且磁感应强度沿转子表面按正弦规律分布，故在三相绕组中分别感应出频率相同、幅值相等、相位上互差120°的三个正弦电动势，这种三相电动势称为对称三相电动势。

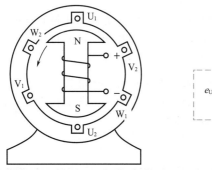
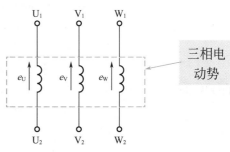

规定三相电动势的正方向都是从各绕组的末端指向首端，则对称三相电动势的瞬时值表达式为：

$$e_U = E_m \sin \omega t$$

$$e_V = E_m \sin (\omega t - 120°)$$

$$e_W = E_m \sin (\omega t + 120°)$$

与上述相对应的波形图和相量图分别为：

波形图 ------------------------------  相量图 ------------------------------

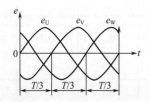
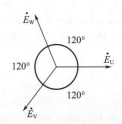

## 正弦交流电动势的产生

三相电源的发电机或变压器都有三相绕组，其连接方法有星形（Y）和三角形（△）两种。通常三相发电机都采用星形连接，而不采用三角形连接，但三相变压器有连接成三角形的。

### 电动机接线方式

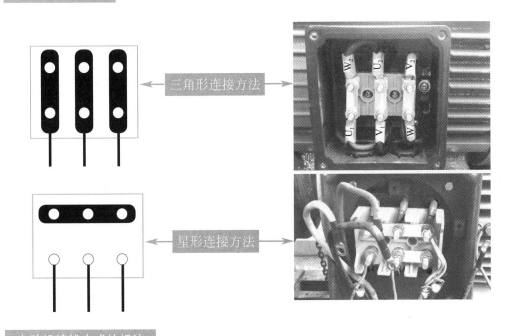

三角形连接方法

星形连接方法

### 电动机接线方式的标注

对于给定的电动机，究竟选择哪种接法，应根据电动机的额定电压与电源电压相符合的原则来确定。

当电源电压为380V时，应接成星形，如果误接成三角形，加在每相绕组上的电压超过额定值，将会烧毁电动机

电压 380/220V、接法 Y/△

当电源电压为220V时，应接成三角形，如果误接成星形，则加在每相绕组上的电压低于额定值，在长期额定负载运行中也会烧毁电动机

电动机在出厂时，三相绕组的六个接线端都有标记。如果标记脱落，不能随便接线，否则有烧毁电动机的可能。这时必须判别哪两个接线端是同一相，并找出它们的首、尾端，才能保证接线正确。判定绕组同名端的方法有多种，常用的有交流法和直流法。

实际上，三相发电机产生的三相电动势总可能存在微小的不对称，因而会产生一定环流。但如果在连接时，将某一相绕组接反，环路内总电压不为零，即使不接负载，环流也会很大，以至烧毁绕组，这是不允许的。因此，三相发电机绕组一般不采用三角形连接。

第一章 电工基础知识

### 三相三线制

三相三线制是电源和负载之间连接的一种方式。我们把供电系统中不引出中性线的星形接法和三角形接法，即电源和负载之间只有三根相线连接的接法，称为三相三线制。

———————————————————— ← A相线黄色

———————————————————— ← B相线绿色

———————————————————— ← C相线红色

电力系统高压架空线路一般采用三相三线制，即我们在野外看到的输电线路，这三根线（三相线）可能水平排列，也可能是三角形排列的；每相可能是单独的一根线（一般为钢芯铝绞线），也有可能是分裂线（电压等级很高的架空线路中，为了减小电磁损耗和线路电抗，采用分裂导线，由多根线组成相线，一般分2～4根）。电力系统高压架空线路是典型的三相三线制接法。

### 三相四线制

三相四线制供电系统是电源和负载均作星形连接时的一种供电方式。把电源的三根相线（电源的首端）与三相负载的首端相连，把电源的星接点与负载的星接点用一根线相连，就构成了三相四线制接法。

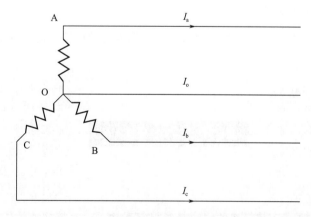

我们把连接两个星接点的连线称为中性线。三相四线制是用电系统中经常使用的一种供电方式。其中：三相指A相、B相、C相；四线指通过正常工作时电路的三根相线和一根N线（中性线）。由于在三相四线制中有中性线存在，从而保证了星形连接的各相负载上的电压始终接近对称，在负载不平衡时也不会发生某相电压升高或降低。此外，若一相断线，仍可保证其他两相负载两端的电压不变。所以在低压供电线路上广泛采用三相四线制。

三相电路的中性点和中性线

## 中性点

由于三相电源的电动势是对称的，因此当三相电源接成星形时，在任意时刻，电源绕组末端相连的公共点上的电压为零，我们就把电源采用星形接法时，电压为零的节点叫做三相电源的中性点。

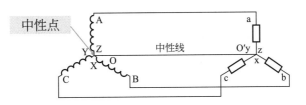

当负载为星形接法的三相不对称负载时，若采用三相三线制接法，则负载上的中性点就不再是三相负载的公共接点了，而要发生偏离，在公共接点与新的电压零点之间就会产生偏移电压。此时，我们说中性点发生了偏移。但若采用三相四线制接法，即使负载不对称，其中性点也被强制固定在负载的星接点上，此时的星接点就是三相电源的零电位点。所以，所谓中性点也是三相电源或三相负载星接时电位为零的点。

## 中性线

把星接的三相电源绕组的公共点（电源中性点）和星接的三相负载的公共点（负载的中性点）用一根导线连接起来，就构成了三相四线制供电线路，这根连接电源中性点和对称负载中性点的连接线就称为中性线，用"N"表示，可参见下图。

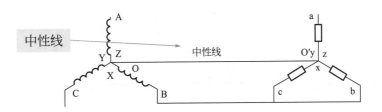

当三相电源采用三相四线供电时，中性线连接的就是三相电源和三相负载的两个零电位点。当负载为三相对称负载时，中性线上没有电流，所以在理论上，中性线可以省略；当负载为不对称负载时，就会有电流流过中性线，但是，负载通常要求不能极度不对称，因此中性线电流往往也不是很大，通常小于1/4三相电源的线电流。因此，中性线理论上可以细些。但是，中性线一旦断开，对于不对称的三相负载就会造成工作异常，甚至产生烧毁负载的危险。所以，通常中性线截面设计得都比理论值大得多，并且必须保证足够的机械强度。

第一章 电工基础知识

035

三相对称负载

在交流电路中，各相负载可能会包含电阻、电感或电容元件，若三相负载中各相的电阻和电抗分别相等，并且电路的性质也相同，这样的三相负载叫做三相对称负载。

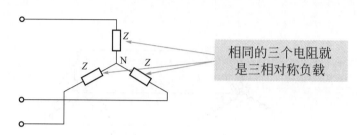

相同的三个电阻就是三相对称负载

负载通常从电阻性、电容性和电感性来区分其性质，三相对称负载中各相负载构成的电路性质必须相同；负载对电流的阻碍作用通过阻抗来体现，因此各相负载的阻抗也必须相同。

三相不对称负载

三相负载与三相电源构成三相电路时，各相负载的阻抗或者性质只要有一点不相同，这样的三相负载就称为三相不对称负载。

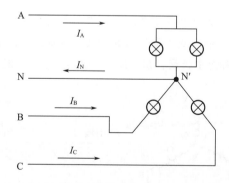

| 1 | 阻抗不同的三相不对称负载 | ➡ | 无论三相负载接成星形还是三角形，只要有两相或两相以上的负载之间的阻抗不相等，就是三相不对称负载。 |
| 2 | 性质不同的三相不对称负载 | ➡ | 电路性质有电阻性、电容性和电感性之分。如果各相负载的电路性质不同，比如一相负载是纯电阻性的，一相负载是电感性的，一相负载是电容性的（此种情况比较极端，实际情况是不可能的），那么这样的三相负载就是三相不对称负载。 |

电力系统的负载，从它们接用的相数来看可以分成两类，一类是单相负载；另一类是三相负载。

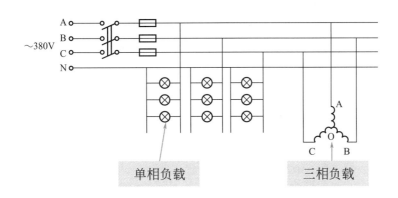

单相负载                    三相负载

像电灯这样的只有两根引出线的负载，叫做单相负载。单相负载的两条线中的一根接到三相电源的一相火线上，另外一根接到三相电源的中性线上。当然可以有若干的单相负载并联到三相电源的一相上使用。为了保证负载的对称通常单相负载相对于三相电源的各相也要尽量对称分布。

电风扇                    电视机                    电烙铁

一般较大型用电设备的三相电动机的三相绕组，它们分别直接接到三相电源的三相火线上，这种负载叫做三相负载。实际上，三相电源每相上的所有单相负载都可以等效看作一个负载，因此若干单相负载也构成三相电源的三相负载。由于每相电源上的单相负载数目可多可少，性质也可能发生变化，因此这种由若干单相负载构成的三相负载往往是三相不对称负载；而三相电动机的三相绕组直接使用三相电能，是通常我们所说的三相负载。

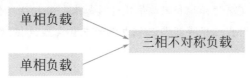

单相负载

三相不对称负载

单相负载

第一章 电工基础知识

　　负载的星形连接有两种，一种是三相三线制接法，一种是三相四线制接法。对称的三相负载可以采用三相三线制接法，如中、小功率的三相电动机；不对称的三相负载通常只能采用三相四线制接法，如大功率三相电动机、局部地区的用电网络、企业用电等。

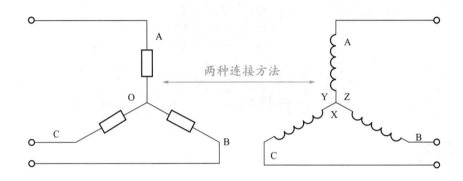

　　以电动机为例，将电动机的三相绕组的末端连接起来，将电动机的三相绕组的始端和三相电源的端线连接起来，就构成了负载的三相三线制星形连接。若电源的相电压是220V，电动机每相绕组的额定电压是220V，则电动机的绕组只能接成星形，因为此时电动机的线圈正好承受正常工作电压。若把每相额定电压为220V的电动机的绕组接成三角形，则加到每相绕组上的电压就会达到380V，会导致线圈严重超额定电压工作，线圈极容易迅速烧坏。

　　在三相负载对称的情况下，电源的中性点和负载的中性点的电位相同。无论有没有中性线，各相负载两端的电压都等于电源相电压。所以，加在三相负载上的电压是对称的。也由于这种原因，对称负载可以用三相三线制接法，也可以用三相四线制接法。

　　在构成的三相对称电路中，只要计算出一相的电流，其他两相的电流就可以直接写出：即三相电流的大小相等，相位互差120°。因此三相电路就可以转为三个单相电路进行计算。

　　三相负载接成三角形（△）连接的电力设备通常是变压器和三相电动机。如果把电动机的三相绕组AX、BY、CZ的始端和末端依次连接起来，每相绕组便构成三角形的一条边，再从三角形的三个顶点引出三根导线与三相电源的三相火线连接，就构成了负载的三角形（△）连接。

当三相负载接成三角形连接时，每相负载上得到的电压等于三相电源的线电压。由于电源的线电压三相对称，三相负载的相电压又等于电源的线电压，也是对称的。若三相负载对称，三相负载上的电压在任意时刻的矢量和为零，各相负载上流过的电流也对称且数值相等。若三相负载不对称，各相负载上的电压仍为电源对称的线电压且数值相等，但各相负载上的电流就因各相负载的阻抗不同而有所不同。

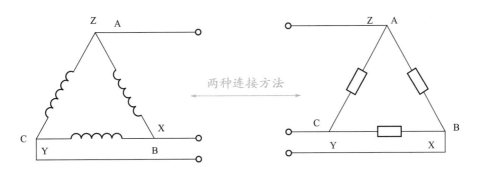

两种连接方法

三相对称负载星形连接时，若有一相断开会怎样？

三相对称负载通常接成三相三线制电路，如工厂中的很多电动机都采用这种接法。当一相负载断开时，原来每相负载上加的对称的电源相电压的形式被打破。断开的一相负载失去电压，给该相提供电能的电源被断开。另外的两相电通过端线连接到剩下串联的两相负载上。由于电源的线电压低于2倍的电源相电压，所以串联的两相负载分得的电压远小于其额定工作时的电源的相电压。此时，如果负载是发光或发热元件，它们都不能正常工作，电路会因负载的不同而略有不同。

如果负载是电动机，因为缺相运行，电动机不能提供较大的转矩，低速转动的电动机很容易烧毁绕组。所以三相对称负载星接时，若有一相断开，必将使负载无法正常工作，严重时会烧毁负载。

当三相对称负载出现断相时，会影响整个电网的平衡，给电力的平衡分配带来困难。所以，通常会在重要负载的三相电网中，接断相检测仪器，及时地检测是否出现断相情况，若发生断相，系统会立即断开三相电路，避免断相运行的事故发生。

鉴于以上分析，无论负载如何，对于负载的伤害及影响都是巨大的，这就需要在电路中安装相应的监测设备（即二次电路），以防止电路出现断相故障。

# 1.4 电磁现象及规律

## 1.4.1 磁铁与磁性材料

磁铁具有吸铁的性质，称为磁性。任一磁铁均有两个磁极：即N极（英文north，北极）和S极（英文south，南极）。磁铁端部磁性最强，越接近中央磁性越弱。同性磁极相斥，异性磁极相吸。

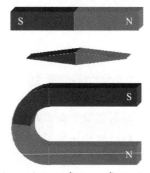

磁铁能吸铁的空间，称为磁场。为了形象化，常用磁力线来描绘磁场的分布。

| 1 | 磁力线 | ➡ | 磁力线在磁铁外部由N极到S极，在磁铁内部由S极到N极。磁力线是互不相交的连续不断的回线，磁场强的地方磁力线较密，磁场弱的地方磁力线较疏。 |
| 2 | 磁化 | ➡ | 使不带磁性的物质具有磁性的过程称为磁化。物质能显示磁性的原因，是磁性分子得到了有规则的排列。 |

易磁化的材料称为铁磁性材料。铁磁性材料又有两种：一种是，一经磁化则磁性不易消失（称为剩磁）的物质，叫硬磁材料，用来制作永久磁铁；另一种是，剩磁极弱的物质，叫软磁材料，用来制作电机和电磁铁的铁芯。

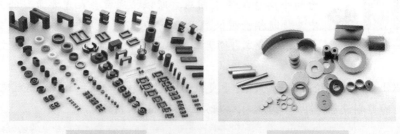

软磁材料　　　　　　　　硬磁材料

## 1.4.2 通电导体产生的磁场

磁铁能产生磁场，电流也能产生磁场（俗称"动电生磁"），这个现象称为电流的磁效应。

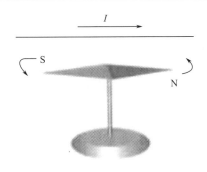

电流磁效应的发现，用实验展示了电与磁的联系，说明电与磁之间存在着相互作用，这就是安培定则。

直线电流的磁场

 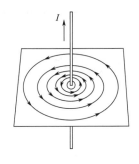

电流产生磁场的方向与电流方向有关，判定的方法是安培定则（也称右手定则）。

直线电流的安培定则

通电螺母管的磁场

用右手握住导线，使大拇指的指向与电流方向一致，则弯曲四指的指向就是磁场的方向。

用右手握住线圈，使大拇指与并拢四指相互垂直，使弯曲四指的指向与电流方向一致，大拇指所指的方向就是磁场的方向，就是N极。

实验证明，在均匀磁场中，载流导体在磁场中受到电磁力的大小，与磁感应强度成正比，与导体中电流大小成正比，与导体在磁场中的有效长度成正比。

综上所述，可将该关系写为如下公式。

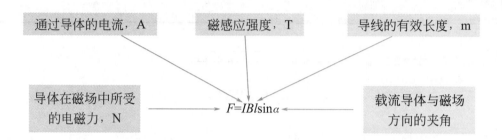

当直导线与磁场方向（即磁感应强度方向）垂直时，则 $\sin90° = 1$，$F = F_m$ 为最大；若直导体与磁场方向平行，则 $\sin0° = 0$，$F = 0$。

由上可知，若将通电线圈放在磁场中，必然会受到大小相等、方向相反的一对电磁力的作用，即为电磁转矩的作用，它会使通电线圈转动起来。直流电动机就是根据这一原理而工作的。

## 1.4.3　电磁感应

实践证明：导体与磁力线之间有相对切割运动时，这个导体中就有电动势产生；回路的磁通量变化时，回路中就有电动势产生，这种现象称为电磁感应，也称"动磁生电"。由电磁感应现象所产生的电动势叫做感应电动势，由感应电动势所引起的电流叫做感应电流。

 **导体切割磁力线产生的感应电动势**

将一段直导体放在磁场中作切割磁力线运动，在导体两端就会产生感应电动势。感应电动势的方向与磁场方向和导体运动方向三者之间的关系，可用右手定则来判定。

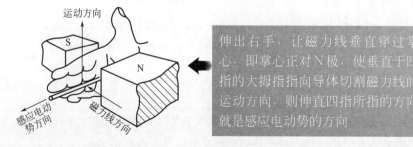

导体在均匀磁场中作切割磁力线运动时，产生的感应电动势的大小为

均匀磁场的磁感应强度，T　　　导线的有效长度，m　　　导体切割磁力线的速度，m/s

导体的感应
电动势，V　　　　　→　　$E=Blv\sin\alpha$　←　　　直导体与磁场
方向的夹角

当 $\alpha=90°$ 时，$E=E_m$ 为最大，当 $\alpha=0°$ 时，$E=0$，不产生感应电动势。导体切割磁力线的速度越快，产生的感应电动势也越大。

应当指出：当切割磁力线的直导体没有构成闭合回路时，导体中只只产生感应电动势，而不会产生感应电流。交直流发电机就是利用这一原理，在磁场中线圈作切割磁力线运动，将机械能转换成电能的，所以"右手定则"也有被称为"发电机定则"。

##  线圈中磁通发生变化产生感应电动势

当穿过线圈中的磁通发生变化时，在线圈的两端会产生感应电动势，这种现象也称为电磁感应。楞次定律：

在电磁感应过程中，感应电流所产生的磁通总是要阻碍原有磁通的变化，这个规律人们称为楞次定律。

应用楞次定律来判定感应电动势或感应电流方向的具体步骤是：

**1** 确定原磁通方向 ➡ 首先确定原磁通的方向及变化的趋势（即是增加还是减少）。

**2** 确定磁通方向 ➡ 根据楞次定律确定感应电流的磁通方向。如原有磁通是增加趋势，则感应电流产生的磁通与原有磁通方向相反；反之，如原有磁通是减少趋势，则感应电流产生的磁通与原有磁通方向相同。

**3** 确定电流方向 ➡ 根据感生磁场的方向，用安培定则（即右手螺旋定则）就可判断出感生电动势或感生电流的方向。

应当注意，必须把线圈或导体看成一个电源。在线圈或直导体内部，感生电流从电源的"−"端流到"+"端；在线圈或直导体外部，感生电流由电源的"+"端经负载流回"−"端。因此，在线圈或导体内部感生电流的方向永远和感生电动势的方向相同。

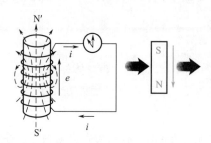

当把磁铁插入线圈时，线圈中的磁通将增加。根据楞次定律，感生电流的磁场应阻碍磁通的增加，则线圈的感生电流产生的磁场方向为上N下S。再根据安培定则可判断出感生电流的方向是由左端流进检流计。

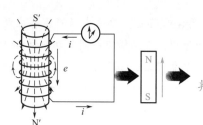

当磁铁拔出线圈时，用同样的方法可判断出感生电流由右端流进检流计。

楞次定律说明了感生电动势的方向，而没有回答感生电动势的大小。为此，我们可以重复上述的实验。我们发现检流计指针偏转角度的大小与磁铁插入或拔出线圈的速度有关，速度越快，指针偏转角度越大，反之越小。而磁铁插入或拔出的速度，也反映了线圈中磁通变化的快慢。所以，线圈中感生电动势的大小与线圈中磁通的变化速度（即变化率）成正比，这个规律，就叫做法拉第电磁感应定律。

我们用 $\Delta\Phi$ 表示在时间间隔 $\Delta t$ 内一个单匝线圈中的磁通变化量。则一个单匝线圈产生的感生电动势为

对于N匝线圈，其感生电动势为

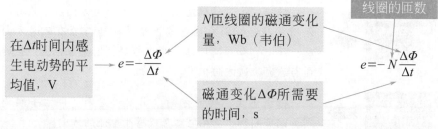

上式是法拉第电磁感应定律的数学表达式。式中负号表示了感生电动势的方向永远和磁通变化的趋势相反。在实际应用中，常用楞次定律来判断感生电动势的方向，而用法拉第电磁感应定律来计算感生电动势的大小（取绝对值）。所以这两个定律，是电磁感应的基本定律。

# 1.4.4 自感与互感

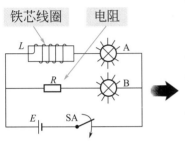

铁芯线圈　电阻

合上开关时，B 灯立即正常发光，而 A 灯却是逐渐变亮。

当电流流入线圈时，则产生一个左端为 N 极、右端为 S 极的磁场。由楞次定律可知，这个增大的磁通会在线圈中引起感生电动势，而感生电动势又会产生一个左端为 S 极、右端为 N 极的磁通来阻碍原磁通的变化。根据安培定则可判别出感生电流的方向与原流进线圈电流的方向相反，因此流进线圈的电流不能很快上升，A 灯也只能慢慢变亮。

当合上开关灯泡正常发光后，线圈中也有电流过，其方向从左到右。若突然把开关打开，我们发现灯泡突然地闪亮一下再熄灭。

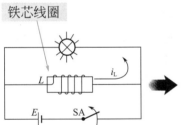

铁芯线圈

打开开关后因失去外电源，线圈的电流就会突然减小，由它产生的磁通也就突然减小，于是线圈中就要产生一个感生电动势来阻碍原磁通的减小。由楞次定律可知，感生电流的方向与原电流的方向相同。由于感生电动势一般都较高，则流过灯泡的感生电流就较大，从而使灯泡突然明亮地闪光。

我们把上述这种由于流过线圈本身的电流发生变化，而引起的电磁感应叫自感现象，简称自感。电感量（$L$）应为：

线圈每通过单位电流所产生的自感磁通数称作自感系数，也称电感量，简称电感，用 $L$ 表示

$$L = \frac{\Phi}{i}$$

流过线圈的电流 $i$ 所产生的自感磁通，Wb

流过线圈的电流，A

一个线圈中通过 1A 电流，能产生 1Wb 的自感磁通，则该线圈的电感就叫 1 亨利，简称亨。用字母 H 表示。在实际工作中，特别是在电子技术中，有时用亨利作单位太大，常采用较小的单位。它们与亨利的换算关系是：

$$1\text{H（亨）} = 1 \times 10^{3}\text{mH（毫亨）} = 1 \times 10^{6}\mu\text{H（微亨）}$$

电感$L$的大小不但与线圈的匝数以及几何形状有关（一般情况下，匝数越多，$L$越大），而且与线圈中媒介质的磁导率有密切关系。对有铁芯的线圈，$L$不是常数，对空心线圈，当其结构一定时，$L$为常数。我们把$L$为常数的线圈叫线性电感，把线圈统称电感线圈，也称电感器或电感。

由于自感也是电磁感应，必然遵从法拉第电磁感应定律，所以将$\Phi = Li$代入$e_L = \dfrac{\Delta \Phi}{\Delta t}$中可得线性电感中的自感电动势为

$$e_L = -L\frac{\Delta i}{\Delta t} \longleftarrow \quad \boxed{\frac{\Delta i}{\Delta t}\text{为电流的变化率，A/s}}$$

负号表示自感电动势的方向永远和外电流的变化趋势相反。通过以上讨论，可以得出结论：

 **1** 自感电动势的产生 ➡ 自感电动势是由通过线圈本身的电流发生变化而产生的。

 **2** 自感电动势的变化 ➡ 对于线性电感，自感电动势的大小在$\Delta t$时间内的平均值等于电感和电流变化率的乘积。当$L$一定时，流过电感的电流变化越快，$e_L$越大。通过上页所示的实验我们将会发现，打开开关的速度越快，线圈中电流的变化就越快，$e_L$就越大，从而灯泡的闪光就越强。

 **3** 自感电动势的方向 ➡ 自感电动势的方向可用楞次定律判断，即：线圈中的外电流$i$增大时，感生电流的方向与$i$的方向相反；外电流$i$减小时，感生电流的方向与$i$的方向相同，可如下图所示。

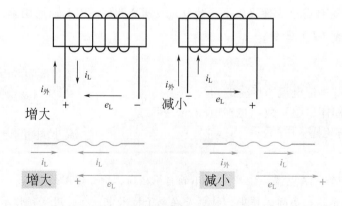

自感现象在各种电气设备和无线电技术中有广泛的应用，荧光灯的启辉器就是利用线圈自感现象的一个例子。

　　启辉器是一个充有氖气的小玻璃泡，里面装上两个电极，一个固定不动的静触片和一个用双金属片制成的U形触片。灯管内充有稀薄的水银蒸气。当水银蒸气导电时，就发出紫外线，使涂在管壁上的荧光粉发出柔和的光。

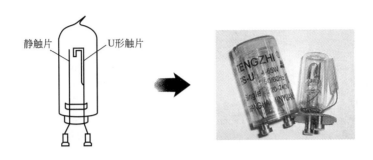

静触片　　U形触片

　　由于激发水银蒸气导电所需的电压比220V的电源电压高得多，因此，荧光灯在开始工作时需要一个高出电源电压很多的瞬时电压。在荧光灯正常发光时，灯管的电阻变得很小，只允许通过不大的电流，电流过大就会烧坏灯管，这时又要使加在灯管上的电压大大低于电源电压。这两方面的要求都是利用跟灯管串联的镇流器来达到的。

## 避免自感规则

　　自感现象有时也会带来危害。在自感系数很大、电流很强的电路中，切断电源的瞬间都会产生很大的自感电动势，使开关两端出现很高的电压，形成电弧。电弧不仅会烧蚀开关，有时还会危及操作人员的安全。因此，在需要切断较高电压电源的电路中，现在都要采用特制的安全开关，以防止产生电弧，保障安全。

## 涡流的产生

　　把块状金属放在交变磁场中，金属块内将产生感应电流。这种电流在金属块内自成闭路，很像水的漩涡，因此叫做涡电流，简称涡流。

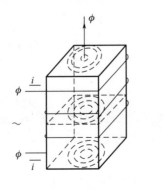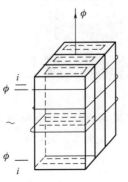

第一章　电工基础知识

　　由于整块金属电阻很小，所以，涡流很大，这就不可避免地会使铁芯发热，温度升高，引起材料绝缘性能下降，甚至破坏绝缘造成事故。铁芯发热，还使一部分电能转换成热能白白浪费，这种电能损失叫做涡流损失。

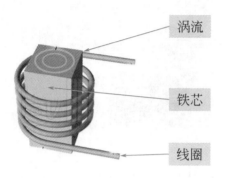
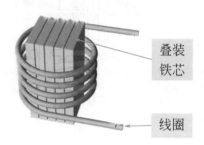

　　在电机、电器的铁芯中，要想完全消灭涡流是不可能的，但可以采取有效措施尽可能地减小涡流。为了减少涡流损失，电机和变压器的铁芯通常用涂有绝缘漆的薄硅钢片叠压制成。这样涡流就被限制在狭窄的薄片之内，回路的电阻很大，涡流大为减弱，从而使涡流损失大大降低。铁芯采用硅钢片，是因为这种钢比普通钢的电阻率大，可以进一步减少涡流损失。硅钢片的涡流损失只有普通钢片的1/5 ~ 1/4。

　　电磁炉是利用涡流加热的。它利用电流通过线圈产生磁场，当磁场内的磁感线通过锅的底部时，即会产生无数小涡流，使锅体本身自行高速发热，从而达到烹饪食物的目的。

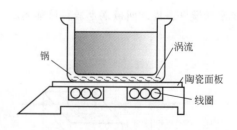

　　理想的电磁炉专用锅具应以铁和钢制品为主。此类材料能使加热过程中加热负载与感应涡流相匹配，能量转换率高，相对来说磁场外泄较少。而陶瓷锅、铝锅等则达不到这样的效果，对健康威胁也就更大一些。

由于一线圈电流变化引起另一个线圈产生感应电动势的现象，称为互感现象。产生的感应电动势叫互感电动势。

线圈A和滑键变阻器$R_p$、开关S串联起来以后接到电源E上，线圈B的两端分别和灵敏电流计的两个接线柱连接。观察当开关S闭合或断开的瞬间、电流计的变化情况。

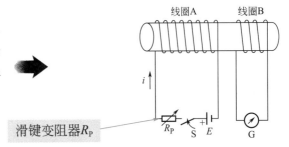

当开关S闭合或断开的瞬间，电流计的指针发生偏转，并且指针偏转的方向相反，说明电流方向相反。当开关闭合后，迅速改变变阻器的阻值，电流计的指针也会左右偏转，而且阻值变化越快，电流计指针偏转的角度越大。

实验表明线圈A中的电流发生变化时，电流产生的磁场也要发生变化，通过线圈的磁通也要随之变化，其中必然要有一部分磁通通过线圈B，这部分磁通叫做互感磁通。互感磁通同样随着线圈A中电流的变化而变化，因此，线圈B中要产生感应电动势。同样，如果线圈B中的电流发生变化时，也会使线圈A中产生感应电动势。这种现象叫做互感现象，所产生的电动势叫做互感电动势。

### 互感的意义

互感现象的应用：应用互感可以很方便地把能量或信号由一个线圈传递到另一个线圈。我们使用的各种各样的变压器，如电力变压器、钳形电流表等都是根据互感原理工作的。

互感现象在某些情况下是非常有害的。例如：有线电话常常会由于两路电话间的互感而引起串音；无线电设备中，若线圈位置安放不当，线圈间相互干扰，影响设备正常工作。在此类情况下就需要避免互感的干扰。

### >>特殊提示

变压器是互感现象最典型的应用，它由初级线圈$N_1$、次级线圈$N_2$和铁芯所组成。它可以起到升高电压或者降低电压的作用，还可以把交变信号由一个电路传递到另一个电路。但是互感现象也会带来危害，电子装置内部往往由于导线或器件之间存在的互感现象而干扰正常工作，这就需要采取一定的屏蔽措施来避免互感带来的影响。

第2章

# 电工基本的操作技能

# 2.1 常用电工工具及使用

## 2.1.1 螺钉旋具

所谓电路就是将一些电气设备或元件用一定方式组合起来的电流通路。按功能可分为两大类。

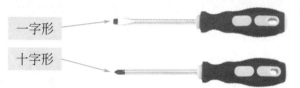

一字形

十字形

螺钉旋具分为一字形和十字形两种，以配合不同槽形的螺钉使用。常用的有50mm、100mm、150mm及200mm等规格，其结构如下所示。

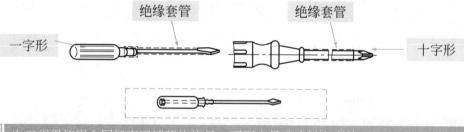

绝缘套管　　　　　　　　　　　绝缘套管

一字形　　　　　　　　　　　　　　　　　　十字形

| | |
|---|---|
| 1 | 电工不得使用金属杆直通柄顶的旋具，否则容易造成触电事故 |
| 2 | 为了避免旋具的金属杆触及皮肤或邻近带电体，应在金属杆上套绝缘管 |
| 3 | 旋具头部厚度应与螺钉尾部槽形相配合，斜度不宜太大；头部不应该有倒角，否则容易打滑 |
| 4 | 旋具在使用时应使头部顶牢螺钉槽口，防止因打滑而损坏槽口。同时注意：不用小旋具去拧旋大螺钉。否则，一是不容易旋紧，二是螺钉尾槽容易拧豁，三是旋具头部易受损。反之，如果用大旋具拧旋小螺钉，也容易造成因力矩过大而导致小螺钉乱牙现象 |

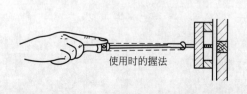

使用时的握法

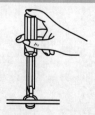

## 2.1.2 钢丝钳

钢丝钳是钳夹和剪切工具，由钳头和钳柄两部分组成：

钳头　　　　　　　　　　　　　　　　　　钳柄

钳口用来弯绞或钳夹导线线头；齿口用来紧固或起松螺母；刀口用来剪切导线或剖切软导线绝缘层；铡口用来铡切电线线芯和钢丝、铅丝等较硬金属。常用的规格有150mm、175mm、200mm 三种。

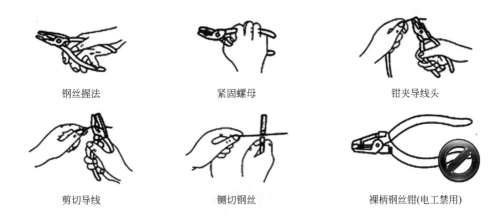

钢丝握法　　　　　　　　　紧固螺母　　　　　　　　钳夹导线头

剪切导线　　　　　　　　　铡切钢丝　　　　　　　裸柄钢丝钳(电工禁用)

---

**使用电工钢丝钳时应注意**

| | |
|---|---|
| 1 | 使用电工钢丝钳前，必须检查绝缘柄的绝缘是否完好。在钳柄上应套有耐压为500V以上的绝缘管。如果绝缘损坏，不得带电操作 |
| 2 | 使用时的握法如上图所示，刀口朝向自己面部。头部不可代替锤子作为敲打工具使用 |
| 3 | 用电工钢丝钳剪切带电导线时，不得用刀口同时剪切相线和零线或同时剪切两根相线，以免发生短路故障 |

### 2.1.3 尖嘴钳

尖嘴钳适于在较狭小的工作空间操作，可以用来弯扭和钳断直径为1mm以内的导线。有铁柄和绝缘柄两种，绝缘柄的为电工所用，绝缘的工作电压为500V以下。常用规格（全长）有130mm、160mm、180mm及200mm四种。目前常见的多数是带刃口的，既可夹持零件又可剪切细金属丝。

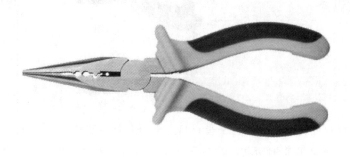

### 2.1.4 断线钳

断线钳专用于剪断直径较粗的金属丝、线材及电线电缆等，有铁柄、管柄和绝缘柄三种类型，其中带绝缘柄的断线钳可用于带电场合，其工作电压为1000V以下。

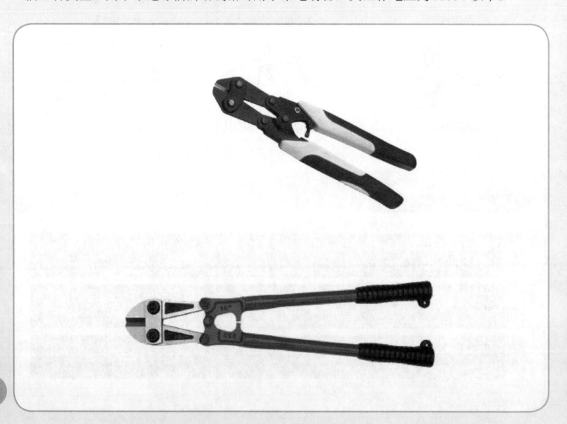

## 2.1.5　剥线钳

剥线钳用来剥削横截面积在6mm²以下塑料或橡胶绝缘导线的绝缘层。

剥线钳由钳口和手柄两部分组成，剥线钳有0.5～3mm的多个直径切口，用于不同规格线芯的剥削。使用时切口大小必须与导线芯线直径相匹配，过大难以剥离绝缘层，过小易切断芯线。

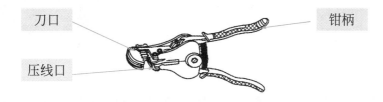

刀口　　　　　　　　　　　　　　　　　钳柄

压线口

手柄绝缘的剥线钳，可以带电操作，但工作电压必须在500V以下。

使用剥线钳时，将要剥削的绝缘长度用标尺定好以后，即可把导线放在相应的刃口上（比导线直径稍大），用手将钳柄一握，导线的绝缘层即被割破自动弹出。

根据导线的大小
选择合适的夹口

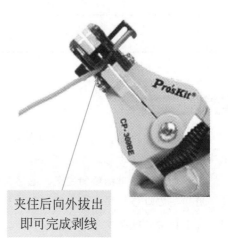

夹住后向外拔出
即可完成剥线

## 2.1.6　电工刀

电工刀是用来剖削电线线头，切割木台缺口，削制木材的专用工具。

电工刀

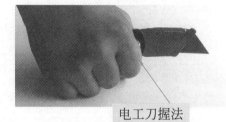

电工刀握法

电工刀以45°倾斜角切入塑料层，然后向线端推削，剥掉塑料层

切去塑料层露出线芯，并把线头的塑料层剖齐

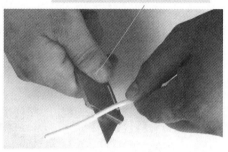

| 1 | 若导线的绝缘层薄软，也可以使用壁纸刀完成剥线 | 2 | 电工刀的刀口非常锋利，在使用电工刀时应避免伤手 |
| 3 | 电工刀用毕，随即将刀身折进刀柄 | 4 | 电工刀刀柄是无绝缘保护的，不能在带电导线上剖削，以免触电 |

>> 特别提醒

在剖削时要注意，切忌把刀刃垂直对着导线切割绝缘，以免削伤线芯。严禁在带电体上使用没有绝缘柄的电工刀进行操作。

剥线也可以使用钢丝钳完成，它适用于芯线截面积为$4mm^2$及以下的塑料线。操作方法是：用钳头刀口轻切塑料层，不可切伤线芯，然后右手握住钳子头部用力向外勒去塑料层，同时左手拉紧电线反方向用力配合动作。

## 2.1.7　活络扳手

　　活扳手由头部和柄部组成，头部由定扳唇、动扳唇、蜗轮和轴销等构成。旋动蜗轮可以调节扳口的大小。常用的规格有150mm、200mm、250mm和300mm等，按螺母大小选用适当规格。

定扳唇　　蜗轮　　手柄

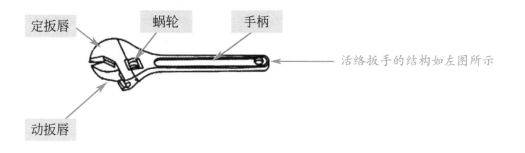

活络扳手的结构如左图所示

动扳唇

### 活络扳手的使用

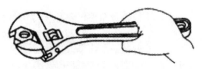

　　扳拧较大螺母时，需用较大力矩，手应握在近柄尾处。

　　扳拧较小螺母时，需用力矩不大，但螺母过小容易打滑。

　　活络扳手不可反用，即动扳唇不可作为重力点使用，也不可用钢管接长柄部来施加较大的扳拧力矩。

## 2.1.8 电动工具

冲击钻与电锤是一种携带式带冲击的电动钻孔工具，主要用于对混凝土、砖墙进行钻孔，安装膨胀螺栓或膨胀螺钉以固定设备或支架。

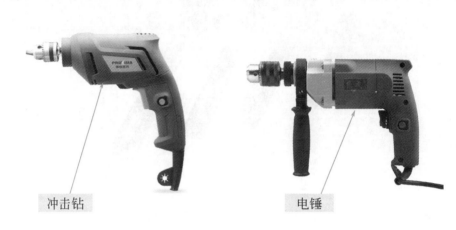

冲击钻　　　　　　　　　　电锤

| 规格 | | 冲击钻（型号） | | 电锤（型号） |
| --- | --- | --- | --- | --- |
| | | JIZC-10 | JIZC-20 | ZIC-SD01-26 |
| 额定电压/V | | 220 | 220 | 220 |
| 额定转速/（r/min） | | 1200 | 800 | 420 |
| 额定功率/W | | 250 | ≥320 | ≥620 |
| 额定转矩/N·cm | | 90 | ≥350 | ≥450 |
| 额定冲击次数/（次/min） | | 14000 | 8000 | 2850 |
| 额定冲击幅度/mm | | 0.8 | 1.2 | |
| 最大钻孔直径/mm | 钢铁中 | 6 | 13 | |
| | 混凝土中 | 10 | 20 | 26 |

**冲击钻使用注意事项**

| 1 | 长期搁置不用的冲击钻，使用前应以500V兆欧表测量绝缘电阻，其值不得小于0.5MΩ |
| --- | --- |
| 2 | 一般场所电压的安全值为36V，凡电压超过安全值的、非双重绝缘的且带金属外壳的冲击钻，使用时必须采取防止触电的措施，如穿电工鞋、绝缘胶鞋、铺绝缘垫、戴绝缘手套等 |
| 3 | 电源电压不应超过冲击钻额定电压的±10%，使用过程中因故冲击钻突然堵钻时，必须立即切断电源进行检查。冲击钻的钻头必须锋利，钻孔时不宜用力过猛，以防过载损坏冲击钻 |

# 2.2 常用测试工具及使用

## 2.2.1 氖管式测电笔

验电器又称为试电笔、测电笔，是检验导线、电器和电气设备是否带电的一种常用工具，检测范围为60 ～ 500V，有钢笔式和旋具式两种。

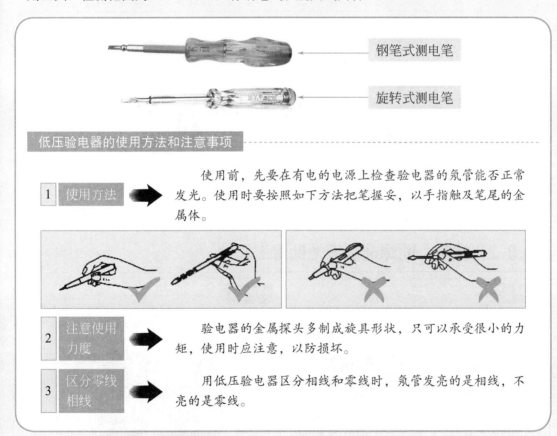

钢笔式测电笔

旋转式测电笔

低压验电器的使用方法和注意事项

| 1 | 使用方法 | ➡ | 使用前，先要在有电的电源上检查验电器的氖管能否正常发光。使用时要按照如下方法把笔握妥，以手指触及笔尾的金属体。 |

| 2 | 注意使用力度 | ➡ | 验电器的金属探头多制成旋具形状，只可以承受很小的力矩，使用时应注意，以防损坏。 |
| 3 | 区分零线相线 | ➡ | 用低压验电器区分相线和零线时，氖管发亮的是相线，不亮的是零线。 |

## 2.2.2 数显式测电笔

数显式测电笔是试电笔的一种，属于电工电子类工具，用来测试电线中是否带电。数显测电笔笔体带LED显示屏，可以直观读取测试电压数字。

# 2.3 电烙铁与焊接技能

## 2.3.1 电烙铁

电烙铁是用于锡焊的专用工具，有内加热式和外加热式两种。它的电功率通常为 10 ~ 300W。

25W电烙铁通常用于焊接电路板上的元器件，50W电烙铁则用于焊接供电线路上较大的焊点。如果有条件的话，在焊接电路板的元器件时也可使用变压器式电烙铁。

电烙铁

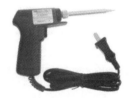

快热式电烙铁

## 2.3.2 焊料、助焊剂及其他助焊工具

**松香**

松香是用于焊接的辅助材料。为了避免焊接新的元器件或导线时出现虚焊的现象，需将引脚或接头部位蘸上松香，再镀上焊锡进行焊接。

**焊锡**

焊锡是用于焊接的主要材料。

**吸锡器**

吸锡器是专门用来吸取电路板上焊锡的工具。当需要拆卸集成电路、开关变压器、开关管等元器件时，由于它们引脚较多或焊锡较多，所以在用电烙铁将所要拆卸元器件引脚上的焊锡熔化后，再用吸锡器将焊锡吸掉。

### 2.3.3 印制电路板

印制电路板（PCB线路板），又称印刷电路板，是电子元器件电气连接的提供者。它的发展已有100多年的历史了；它的设计主要是版图设计；采用电路板的主要优点是大大减少布线和装配的差错，提高了自动化水平和生产劳动率。

印刷电路图主要用于电气设备维修。从维修角度出发，印刷电路图的重要性仅次于整机电气原理图。印刷电路图通常有下列两种表现形式。

 **直标方式**

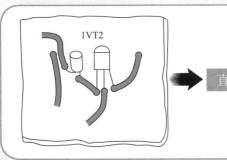

这种表示方式是采取在电路板上直接标注的方式，如在电路板某三极管附近标有1VT2，这1VT2是该三极管在电气原理图中的编号，用同样方法将各种元器件的电路编号直接标注在电路板上。

 **图纸方式**

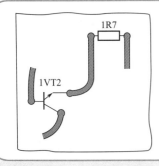

用一张图纸（称之为印刷电路图）画出各元器件的分布和它们之间的连接情况，这是传统的表示方式，在过去大量使用。

 **两种表示方式比较**

对于图纸表示方式，由于印刷电路图可以拿在手中，在印刷电路图中找出某个所要找的元器件相当方便，但是在图上找到元器件后还要用印刷电路图到电路板上对照后才能找到元器件实物，有两次寻找、对照过程，比较麻烦。

对于直标法，在电路板上找到了某元器件编号便找到了该元器件，所以只有一次寻找过程。不过，当电路板较大、有数块电路板或电路板在机壳底部时，寻找就比较困难了。

第2章 电工基本的操作技能

**061**

# 2.4 导线的选用

## 2.4.1 绝缘导线的种类及型号

导电材料一般是指导线。常用的导线有铜导线和铝导线。铜导线的电阻率比铝导线小，焊接性能和机械强度比铝导线好，故它常用于要求较高的场合。铝导线密度比铜导线小，而且资源丰富，价格较铜低廉，故一般场合使用较多。

如今市场上可使用的导线非常多，价格区间跨度也比较大，常用的B系列、R系列铝导线的外形与特点如下。

**B系列橡胶塑料电线**

这种系列的电线结构简单，电气和力学性能好，广泛用作动力、照明及大中型电气设备的安装线。交流工作电压为500V以下。

**R系列橡胶塑料电线**

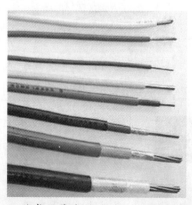

这种系列软线的线芯由多根细铜丝绞合而成，除具有B系列电线的特点外，还比较柔软，广泛用于家用电器、小型电气设备、仪器仪表及照明灯线等。

此外还有Y系列通用橡套电缆，该系列电缆常用于一般场合下的电气设备、电动工具等的移动电源线。

几种常用导线的名称、结构、型号、应用如下表所示。

快学巧学　电工基础

062

**常用导线的应用**

| 名称 | 型号 | | 允许长期工作温度/℃ | 主要用途 |
|---|---|---|---|---|
| | 铜芯 | 铝芯 | | |
| 聚氯乙烯绝缘电线 | BV | BLV | | 用于500V以下动力和照明电路的固定敷设 |
| 聚氯乙烯绝缘护套线 | BVV | BLVV | | 用于500V以下照明和小容量动力电路固定敷设 |
| 聚氯乙烯绝缘绞合软线 | RVS | | 65 | 用于250V及以下移动电器和仪表及吊灯的电源连接导线 |
| 聚氯乙烯绝缘平行软线 | RVB | | | |
| 氯丁橡胶套软线橡胶套软线 | RXF | RX | | 用于安装时要求柔软的场合及移动电器电源线 |

注：型号中、V表示聚氯乙烯绝缘，X表示橡皮绝缘，XF表示氯丁橡胶绝缘。

 **常用导线的规格和安全载流量**

**塑料绝缘线的规格和安全载流量**

A

| 导线截面积/mm² | 固定敷设用的线芯 | | 明线安装 | | 穿钢管安装 | | | | | | 穿硬塑料管安装 | | | | | |
|---|---|---|---|---|---|---|---|---|---|---|---|---|---|---|---|---|
| | 芯线股数/单股直径/mm | 近似英规 | | | 一管二根线 | | 一管三根线 | | 一管四根线 | | 一管二根线 | | 一管三根线 | | 一管四根线 | |
| | | | 铜 | 铝 | 铜 | 铝 | 铜 | 铝 | 铜 | 铝 | 铜 | 铝 | 铜 | 铝 | 铜 | 铝 |
| 1.0 | 1/1.13 | 1/18# | 17 | | 12 | | 11 | | 10 | | 10 | | 10 | | 9 | |
| 1.5 | 1/1.37 | 1/17# | 21 | 16 | 17 | 13 | 15 | 11 | 14 | 10 | 14 | 11 | 13 | 10 | 11 | 9 |
| 2.5 | 1/1.76 | 1/15# | 28 | 22 | 23 | 17 | 21 | 16 | 19 | 13 | 21 | 16 | 18 | 14 | 17 | 12 |
| 4 | 1/2.24 | 1/13# | 35 | 28 | 30 | 23 | 27 | 21 | 24 | 19 | 27 | 21 | 24 | 19 | 22 | 17 |
| 6 | 1/2.73 | 1/11# | 48 | 37 | 41 | 30 | 36 | 28 | 32 | 24 | 36 | 27 | 31 | 23 | 28 | 22 |
| 10 | 7/1.33 | 7/17# | 65 | 51 | 56 | 42 | 49 | 38 | 43 | 33 | 49 | 36 | 42 | 33 | 38 | 29 |
| 16 | 7/1.70 | 7/16# | 91 | 69 | 71 | 55 | 64 | 49 | 56 | 43 | 62 | 48 | 56 | 42 | 49 | 38 |
| 25 | 7/2.12 | 7/14# | 120 | 91 | 93 | 70 | 82 | 61 | 74 | 57 | 82 | 63 | 74 | 56 | 65 | 50 |
| 35 | 7/2.50 | 7/12# | 147 | 113 | 115 | 87 | 100 | 78 | 91 | 70 | 104 | 78 | 91 | 69 | 81 | 61 |
| 50 | 19/1.83 | 19/15# | 187 | 143 | 143 | 108 | 127 | 96 | 113 | 87 | 130 | 99 | 114 | 88 | 102 | 78 |
| 70 | 19/2.14 | 19/14# | 230 | 178 | 177 | 135 | 159 | 124 | 143 | 110 | 160 | 126 | 145 | 113 | 128 | 100 |
| 95 | 19/2.50 | 19/12# | 282 | 216 | 216 | 165 | 195 | 148 | 173 | 132 | 199 | 151 | 178 | 137 | 160 | 121 |

橡胶绝缘线（皮线）的规格和安全载流量

A

| 导线截面积 /mm² | 固定敷设用的线芯 | | 明线安装 | | 穿钢管安装 | | | | | | 穿硬塑料管安装 | | | | | |
|---|---|---|---|---|---|---|---|---|---|---|---|---|---|---|---|---|
| | 芯线股数/单股直径/mm | 近似英规 | | | 一管二根线 | | 一管三根线 | | 一管四根线 | | 一管二根线 | | 一管三根线 | | 一管四根线 | |
| | | | 铜 | 铝 | 铜 | 铝 | 铜 | 铝 | 铜 | 铝 | 铜 | 铝 | 铜 | 铝 | 铜 | 铝 |
| 1.0 | 1/1.13 | 1/18# | 18 | | 13 | | 12 | | 10 | | 11 | | 10 | | 10 | |
| 1.5 | 1/1.37 | 1/17# | 23 | 16 | 17 | 13 | 16 | 12 | 15 | 10 | 15 | 12 | 14 | 11 | 12 | 10 |
| 2.5 | 1/1.76 | 1/15# | 30 | 24 | 24 | 18 | 22 | 17 | 20 | 14 | 22 | 17 | 19 | 15 | 17 | 13 |
| 4 | 1/2.24 | 1/13# | 39 | 30 | 32 | 24 | 29 | 22 | 26 | 20 | 29 | 22 | 26 | 20 | 23 | 17 |
| 6 | 1/2.73 | 1/11# | 50 | 39 | 43 | 32 | 37 | 30 | 34 | 26 | 37 | 29 | 33 | 25 | 30 | 23 |
| 10 | 7/1.33 | 7/17# | 74 | 57 | 59 | 45 | 52 | 40 | 46 | 34.5 | 51 | 38 | 45 | 35 | 40 | 30 |
| 16 | 7/1.70 | 7/16# | 95 | 74 | 75 | 57 | 67 | 51 | 60 | 45 | 66 | 50 | 59 | 45 | 52 | 40 |
| 25 | 7/2.12 | 7/14# | 126 | 96 | 98 | 75 | 87 | 66 | 78 | 59 | 87 | 67 | 78 | 59 | 69 | 52 |
| 35 | 7/2.50 | 7/12# | 156 | 120 | 121 | 92 | 106 | 82 | 95 | 72 | 109 | 83 | 96 | 73 | 85 | 64 |
| 50 | 19/1.83 | 19/15# | 200 | 152 | 151 | 115 | 134 | 102 | 119 | 91 | 139 | 104 | 121 | 94 | 107 | 82 |
| 70 | 19/2.14 | 19/14# | 247 | 191 | 186 | 143 | 167 | 130 | 150 | 115 | 169 | 133 | 152 | 117 | 135 | 104 |
| 95 | 19/2.50 | 19/12# | 300 | 230 | 225 | 174 | 203 | 156 | 182 | 139 | 208 | 160 | 186 | 143 | 169 | 130 |
| 120 | 37/2.00 | 37/14# | 346 | 268 | 260 | 200 | 233 | 182 | 212 | 165 | 242 | 182 | 217 | 165 | 197 | 147 |
| 150 | 37/2.24 | 37/13# | 407 | 312 | 294 | 226 | 268 | 208 | 243 | 191 | 277 | 217 | 252 | 197 | 230 | 178 |
| 185 | 37/2.50 | 37/12# | 468 | 365 | | | | | | | | | | | | |
| 240 | 61/2.24 | 61/13# | 570 | 442 | | | | | | | | | | | | |
| 300 | 61/2.50 | 61/12# | 668 | 520 | | | | | | | | | | | | |
| 400 | 61/2.85 | 6/11# | 815 | 632 | | | | | | | | | | | | |
| 500 | 91/2.62 | 9/12# | 950 | 738 | | | | | | | | | | | | |

快学巧学

电工基础

064

A

| 导线截面积 /mm² | 护套线 | | | | | | | | 软导线 | | |
|---|---|---|---|---|---|---|---|---|---|---|---|
| | 双根芯线 | | | | 三根或四根芯线 | | | | 单根芯线 | 双根芯线 | |
| | 塑料绝缘 | | 橡胶绝缘 | | 塑料绝缘 | | 橡胶绝缘 | | 塑料绝缘 | 塑料绝缘 | 橡胶绝缘 |
| | 铜 | 铝 | 铜 | 铝 | 铜 | 铝 | 铜 | 铝 | 铜 | 铜 | 铝 |
| 0.5 | 7 | | 7 | | 4 | | 4 | | 8 | 7 | 7 |
| 0.75 | | | | | | | | | 13 | 10.5 | 9.5 |
| 0.8 | 11 | | 10 | | 9 | | 9 | | 14 | 11 | 10 |
| 1.0 | 13 | | 11 | | 9.6 | | 10 | | 17 | 13 | 11 |
| 1.5 | 17 | 13 | 14 | 12 | 10 | 8 | 10 | 8 | 21 | 17 | 14 |
| 2.0 | 19 | | 17 | | 13 | | 12 | 12 | 25 | 18 | 17 |
| 2.5 | 23 | 17 | 18 | 14 | 17 | 14 | 16 | 16 | 29 | 21 | 18 |
| 4.0 | 30 | 23 | 28 | 21.8 | 23 | 19 | 21 | | | | |
| 6.0 | 37 | 29 | | | 28 | 22 | | | | | |

| 环境最高平均温度/℃ | 35 | 40 | 45 | 50 | 55 |
|---|---|---|---|---|---|
| 校正系数 | 1.0 | 0.91 | 0.82 | 0.71 | 0.58 |

## 2.4.2 绝缘导线的选择

 **线芯材料的选择**

作为线芯的金属材料，必须同时具备的特点是：

| 1 | 电阻率较低，有足够的机械强度 | 2 | 在一般情况下有较好的耐腐蚀性 | 3 | 容易进行各种形式的机械加工，价格较便宜 |

铜和铝基本符合这些特点，因此，常用铜或铝作导线的线芯。

 **导线截面积的选择**

选择导线时，一般应考虑三个因素：长期工作允许电流、机械强度和线路电压降在允许范围内。

## 根据长期工作允许电流选择导线截面积

导线敷设方式不同、环境温度不同，导线允许的载流量也不同。通常把允许通过的最大电流值称为安全载流量。在选择导线时，可依据用电负荷，参照导线的规格型号及敷设方式来选择导线截面积。可按如下计算公式计算。

| 负载类型 | 功率因数 | 计算公式 | 每千瓦电流量/A |
|---|---|---|---|
| 电灯、电阻 | 1 | 单相：$I_P = P/U_P$ | 4.5 |
| | | 三相：$I_L = \sqrt{3}\ P/U_L$ | 1.5 |
| 荧光灯 | 0.5 | 单相：$I_P = P/(U_P \times 0.5)$ | 9 |
| | | 三相：$I_L = P/(\sqrt{3}\ U_L \times 0.5)$ | 3 |
| 单相电动机 | 0.75 | $I_P = P/[U_P \times 0.75 \times 0.75（效率）]$ | 8 |
| 三相电动机 | 0.85 | $I_L = P/[\sqrt{3}\ U_L \times 0.85 \times 0.85（效率）]$ | 2 |

注：公式中，$I_P$、$U_P$ 为相电流、相电压；$I_L$、$U_L$ 为线电流、线电压。

## 根据机械强度选择导线

导线安装后和运行中，要受到外力的影响。导线本身自重和不同的敷设方式使导线受到不同的张力，如果导线不能承受张力作用，会造成断线事故。在选择导线时必须考虑导线截面积。

## 根据电压损失选择导线截面积

 住宅用户，由变压器低压侧至线路末端，电压损失应小于6%。

 电动机在正常情况下，电动机端电压与其额定电压不得相差±5%。

按照以上条件选择导线截面积的结果，在同样负载电流下可能得出不同的截面积数据。此时，应选择其中最大的截面积。

## 补偿导线的选择

补偿导线一定要根据所使用的热电偶种类和所使用的场合进行正确选择。例如，K型偶应该选择K型偶的补偿导线，根据使用场合，选择工作温度范围。通常KX工作温度为−20 ~ 100℃，宽范围的为−25 ~ 200℃；普通级误差为±2.5℃，精密级为±1.5℃。

## 2.4.3 磁性材料的选择

常用的磁性材料为铁磁性物质，是电器产品中的主要材料。按其性能不同可分为软磁材料和硬磁材料两大类。

**软磁材料**

软磁材料主要用作导磁回路，要求磁导率很高。用于交变磁场作为磁路的软磁材料，还要求单位损耗小，即剩磁和矫顽力较小，因而磁滞现象不严重，是一种既容易磁化又容易去磁的材料，一般都是在交流磁场中使用，而且是应用最广泛的一种磁性材料。

**软磁材料的品种、主要特点和应用范围**

| 品种 | 主要特点 | 应用范围 |
|------|----------|----------|
| 电工纯铁（牌号DT） | 饱和磁感应强度高，冷加工好。但电阻率低，铁损高，不能用在交流磁场中，有磁时效现象 | 一般用于直流或脉动成分不大的电器中作为导磁铁芯 |
| 硅钢片（牌号DR、RW或DQ） | 和电工纯铁相比，电阻率增高，铁损降低，磁时效基本消除，但导热系数降低，硬度提高，脆性增大。适合在强磁场条件下使用 | 电机、变压器、继电器、互感器、开关等产品的铁芯 |
| 铁镍合金（牌号1J50、1J51） | 与其他软磁材料相比，磁导率高，矫顽力低，但对应力比较敏感。在弱磁场下，磁滞损耗非常低，电阻率又比硅钢片高，所以高频特性好 | 频率在1MHz以下弱磁场中工作的器件，如电视机、精密仪器用特种变压器等 |
| 铁铝合金（牌号1J12等） | 和铁镍合金相比，电阻率高，密度小，但磁导率低，随着铝质量分数的增加（超过10%），硬度和脆性增大，塑性变差 | 弱磁场和中等磁场下工作的器件，如微型电机、音频变压器、脉冲变压器及磁放大器等 |
| 软磁铁氧体（牌号R100等） | 属非金属磁化材料，烧结体，电阻率非常高，高频时具有较高的磁导率，但饱和磁感应强度低，温度稳定性也较差 | 高频或较高频率范围内的电磁元件（磁芯、磁棒及高频变压器等） |

硅钢片是电力和电信工业的基础材料，用量占磁性材料的90%以上，硅钢片的品种、规格和主要用途如下表所示。

第2章 电工基本的操作技能

| 分类 | | | 牌号 | 厚度/mm | 应用范围 |
|---|---|---|---|---|---|
| 热轧硅钢片 | 热轧电机钢片 | | DR1200-100 DR740-50<br>DR1100-100 DR650-50 | 1.0<br>0.50 | 中小型发电机和电动机 |
| | | | DR610-50 DR530-50<br>DR510-50 DR490-50 | 0.5 | 要求损耗小的发电机和电动机 |
| | | | DR440-50 DR400-50 | 0.5 | 中小型发电机和电动机 |
| | | | DR360-50 DR315-50<br>DR290-50 DR265-50 | 0.5 | 控制微型电机、大型汽轮发电机 |
| | 热轧变压器钢片 | | DR360-35 DR320-35 | 0.35 | 电焊变压器和扼流圈 |
| | | | DR320-35 DR280-35<br>DR360-35 DR360-50<br>DR315-50 DR290-35 | 0.35<br>0.50 | 电抗器和电感线圈 |
| 冷轧硅钢片 | 无取向 | 电机用 | DW530-50 DW470-50 | 0.50 | 大型直流电动机、大中小型交流电动机 |
| | | | DW360-50 DW330-50 | 0.50 | 大型交流电机 |
| | | 变压器用 | DW530-50 DW470-50 | 0.50 | 电焊变压器、镇流器 |
| | | | DW310-35 DW270-35<br>DW360-50 DW330-50 | 0.35<br>0.50 | 电力变压器、电抗器 |
| | 单取向 | 电机用 | DQ230-35 DQ200-35<br>DQ170-35 DQ151-35<br>DQ350-50 DQ320-50 | 0.35<br>0.50 | 大型发电机 |
| | | | G1、G2、G3、G4 | 0.05<br>0.2<br>0.08 | 中高频发电机、微型电机 |
| | | 变压器用 | DQ230-35 DQ200-35<br>DQ170-35 DQ151-35 | 0.35 | 电力变压器、高频变压器 |
| | | | DQ290-35 DQ260-35<br>DQ230-35 DQ200-35 | 0.35 | 电抗器、互感器 |
| | | | G1、G2、G3、G4（日本牌号） | 0.05<br>0.2<br>0.08 | 电源变压器、高频变压器、脉冲变压器、镇流器 |

**硬磁材料**

　　硬磁材料具有大面积的磁滞回线特性，矫顽力和剩磁感应强度都很大，这种材料在外磁场中充磁，撤除外磁场后仍能保留较强的剩磁，形成恒定持久的磁场，故又称为永磁材料。它主要用作储藏和提供磁能的永久磁铁，如磁电式仪器用的钨钢和铬钢；测量仪表和微型电机用的铝镍钴、硬磁铁氧体和稀土永磁材料等。硬磁材料的品牌和用途如下表所示。

**硬磁材料** - - - - - - - - - - - - - - - - - - - - - - - - - - - - - - - - - - - - - - - - - - - -

| 硬磁材料品牌 | | | 用途举例 |
| --- | --- | --- | --- |
| 铝镍钴合金 | 铸造铝镍钴 | 铝镍钴13 | 转速表、绝缘电阻表、电能表、微型电机及汽车发动机 |
| | | 铝镍钴20 铝镍钴32 | 话筒、万用表、电能表、电流表、电压表、记录仪及消防泵磁电机 |
| | | 铝镍钴40 | 扬声器、记录仪及示波器 |
| | 粉末烧结铝镍钴 铝镍钴9 铝镍钴25 | | 汽车电流表、曝光表、电器触点、受话器、直流电机、钳形电流表及直流继电器 |
| 铁氧体硬磁材料 | | | 仪表阻尼元件、扬声器、电话机、微电机及磁性软水处理 |
| 稀土钴硬磁材料 | | | 行波管、小型电机、副励磁机、拾音器精密仪表、医疗设备及电子手表 |
| 塑料变形硬磁材料 | | | 里程表、罗盘仪、计量仪表、微型电机及继电器 |

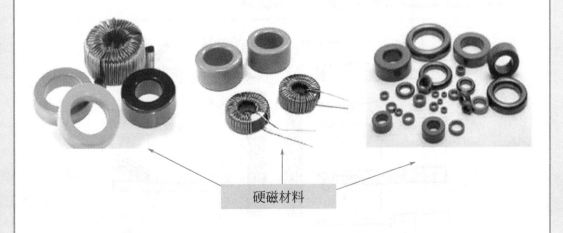

硬磁材料

# 2.5 导线的剖削、连接和绝缘恢复

## 2.5.1 导线绝缘层的剖削

对于芯线截面积为4mm² 及以下的导线，通常采用剥线钳进行剖削；芯线截面积为4mm² 及以上的导线，则采用电工刀进行剖削。

 ### 芯线截面积为 4mm² 及以下的塑料硬线

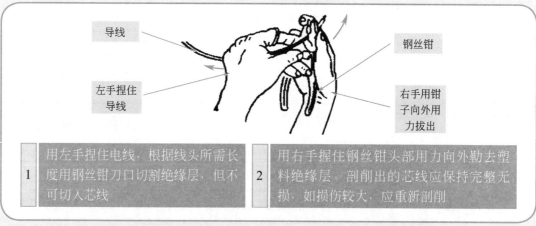

| 1 | 用左手捏住电线，根据线头所需长度用钢丝钳刀口切割绝缘层，但不可切入芯线 | 2 | 用右手握住钢丝钳头部用力向外勒去塑料绝缘层。剖削出的芯线应保持完整无损，如损伤较大，应重新剖削 |
| --- | --- | --- | --- |

 ### 芯线截面积大于 4mm² 的塑料硬线

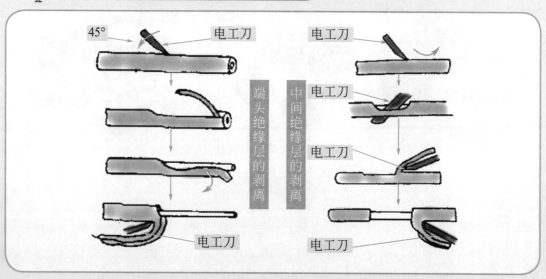

**塑料软线绝缘层的剖削**

塑料软线绝缘层只能用剥线钳或钢丝钳剖削，不宜用电工刀剖削，其剖削方法如下。

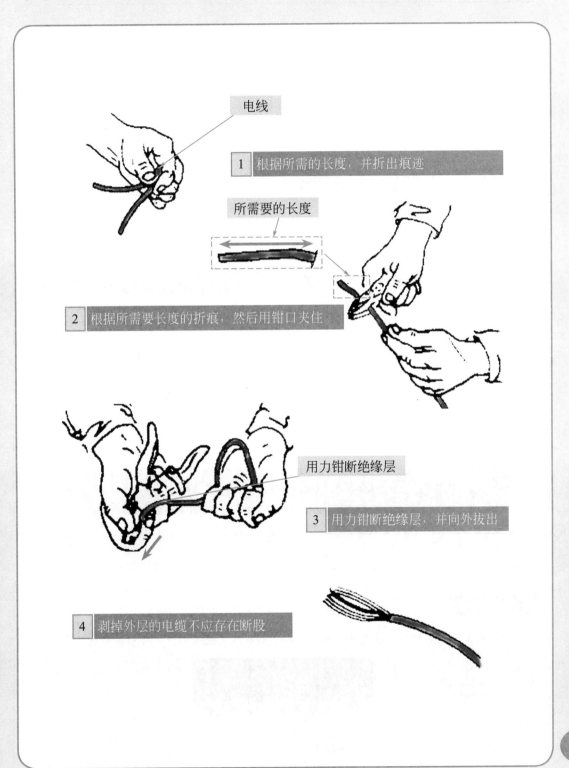

电线

1 根据所需的长度，并折出痕迹

所需要的长度

2 根据所需要长度的折痕，然后用钳口夹住

用力钳断绝缘层

3 用力钳断绝缘层，并向外拔出

4 剥掉外层的电缆不应存在断股

塑料护套线的绝缘层宜用电工刀来剖削，剖削方法如下。

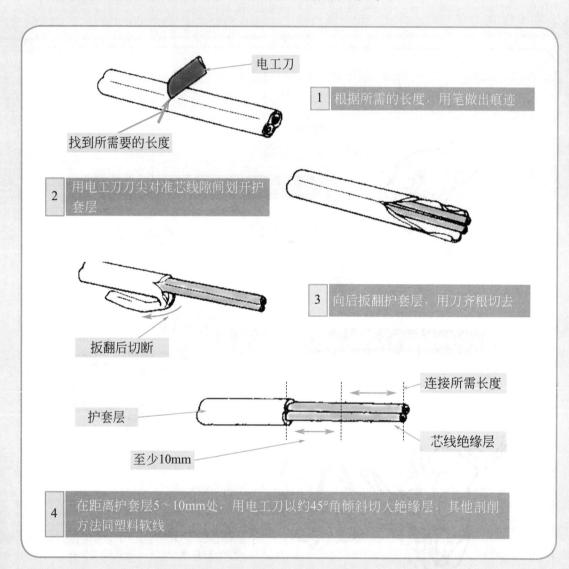

电工刀

找到所需要的长度

1　根据所需的长度，用笔做出痕迹

2　用电工刀刀尖对准芯线隙间划开护套层

扳翻后切断

3　向后扳翻护套层，用刀齐根切去

连接所需长度

护套层

芯线绝缘层

至少10mm

4　在距离护套层5～10mm处，用电工刀以约45°角倾斜切入绝缘层，其他剖削方法同塑料软线

>> 特别提醒

使用电工刀剖削时刀口应向外，避免伤人。剖削线头绝缘层，不得损伤金属芯线。

## 2.5.2 导线与导线的连接

导线的连接是电工作业人员必须掌握的技术，是线路安装及维修中经常要用到的技能。导线连接的质量直接关系到线路是否能安全可靠地运行，因此，对导线连接提出了几点基本要求：连接可靠（即接头处电阻小）；机械强度高；耐腐蚀；绝缘性能好。为此，国家在《电气装置安装工程施工及验收规范》中做了如下规定。

 **导线连接的规定**

| 1 注意 ➡ | 在割开导线的绝缘层时，不能损伤线芯。 |
| 2 注意 ➡ | 铜（铝）芯导线的中间连接和分支连接应使用熔焊、锻焊、线夹、瓷接或压接方法。 |
| 3 注意 ➡ | 分支线连接的接头处，干线不应受来自支线的横向拉力。 |
| 4 注意 ➡ | 截面积为10mm²及以下的单股铜芯线、截面积为2.5mm²及以下的多股铜芯线与电气器具的端子可直接连接，但多股铜芯线的线芯应先拧紧，搪锡后再连接。 |
| 5 注意 ➡ | 多股铝芯线和截面积超过2.5mm²的多股铜芯线的终端，应焊接或压接端子后，再与电气器具的端子连接（设备自带插接式的端子除外）。 |

 **截面积较小（6mm²以下）的导线的连接**

当导线长度不够或需要分接支路时，需要将导线与导线连接。在去除了线头的绝缘层后，就可进行导线的连接。常见的导线与导线的连接方式有直线连接和T形分支连接。

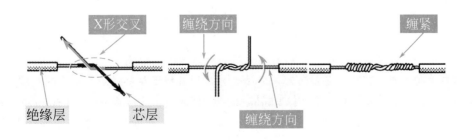

X形交叉　缠绕方向　缠紧
绝缘层　芯层　缠绕方向

## 截面积较大（6mm² 以上）的导线的连接

大面积的导线，在进行连接时，容易形成空隙，所以需要填入些芯线，可以如下操作。

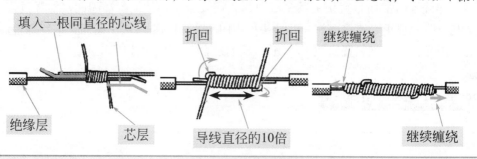

填入一根同直径的芯线    折回    折回    继续缠绕

绝缘层    芯层    导线直径的10倍    继续缠绕

## 不同截面积的单股铜芯导线直线连接

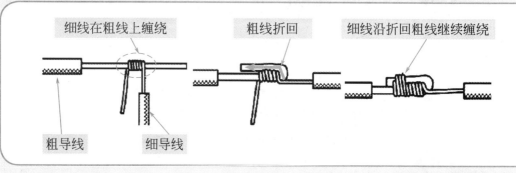

细线在粗线上缠绕    粗线折回    细线沿折回粗线继续缠绕

粗导线    细导线

## 单股铜芯导线的T字分支连接

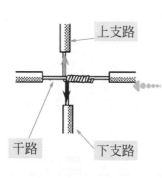

上支路

干路    下支路

把去除绝缘层及氧化层的支路线芯的线头与干线线芯"十"字相交，使支路线芯根部留出3～5mm裸线。将支路线芯按顺时针方向紧贴干线线芯密绕6～8圈，用钢丝钳切去余下线芯，并钳平线芯末端及切口毛刺。

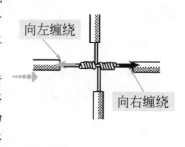

向左缠绕    向右缠绕

较小的芯线可环绕成结状，然后再把支路芯线线头抽紧缠绕6～8圈，剪去多余芯线，钳平切口毛刺。对于较大的芯线可用绑线法，方法同直线连接绑线法。先将两线端头用钳子弯起一些，然后并在一起，添一根1.5mm²铜线作辅助线，然后再用一根1.5mm²铜线作绑线，从中间开始缠绑。缠绑长度为导线直径的10倍，两头再用裸铜线在单根导线上缠绑5圈。余下线头与辅助线绞合，剪去多余部分。

当需要连接的导线来自同一方向时，可用如下办法连接。

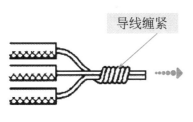
导线缠紧

对于单股导线，可将一根导线的芯线紧密缠绕在其他导线的芯线上，再将其他芯线的线头折回压紧即可。

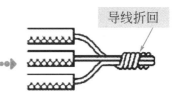
导线折回

交叉缠绕

对于多股导线，可将两根导线的芯线互相交叉，然后绞合拧紧。

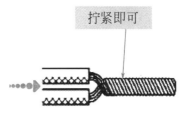
拧紧即可

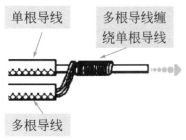
单根导线

多根导线缠绕单根导线

多根导线

将多股导线的芯线紧密缠绕在单股导线的芯线上，再将单股芯线的线头折回压紧。

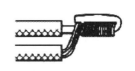

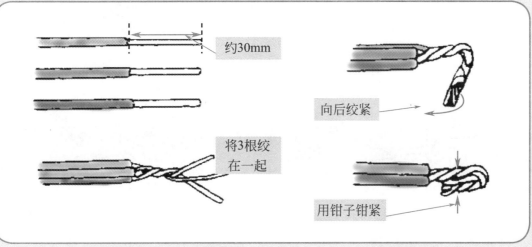
约30mm

将3根绞在一起

向后绞紧

用钳子钳紧

第2章 电工基本的操作技能

### 2.5.3　导线与接线柱之间的连接

**导线与针孔式接线柱的连接**

常见的针孔式接线柱连接设备

熔断器座

接线端子

电能表

连接步骤

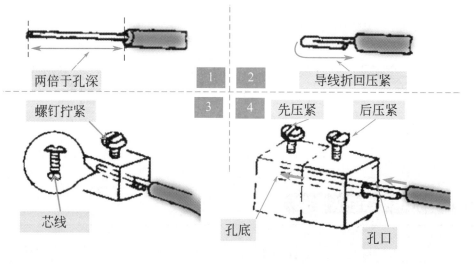

两倍于孔深

1　2　导线折回压紧

3　4

螺钉拧紧

芯线

先压紧　后压紧

孔底　孔口

错误接法

绝缘层不可穿过针孔

快学巧学　电工基础

## 导线与螺钉平压式接线柱的连接

这种接线柱是依靠螺钉的平面，并通过垫圈紧压导线或接线鼻来完成连接的。连接时，应清除垫圈上、压接圈及接线鼻上的油垢；压接圈和接线鼻必须压在垫圈下边，压接圈的弯曲方向必须与螺钉的拧紧方向保持一致，导线绝缘层切不可压入垫圈内；螺钉必须拧得足够紧。

---

### 常见的螺钉平压式接线柱

灯座

灯开关

插头

### 连接步骤

用尖嘴钳钳住导线

| 1 | 2 |

将导线用尖嘴钳变成钩形

| 3 | 4 |

用螺钉压紧

装入接线柱内固定

### 常见的针孔式接线柱错误接法

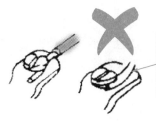

导线连接处不可预留过短或过长

导线连接正确预留长度在3mm左右

第2章 电工基本的操作技能

077

## 2.5.4 导线绝缘层的恢复

导线绝缘层破损或导线连接后都要恢复绝缘，恢复后的绝缘强度不应低于原有的绝缘层。恢复绝缘层的材料一般用黄蜡带、涤纶薄膜带、塑料带和黑胶带等。黄蜡带或黑胶带通常选用带宽为20mm的，这样包缠较方便。

绝缘层常用材料

黄蜡带

涤纶薄膜带

塑料带

黑胶带

绝缘恢复方法

离切口40mm

包缠时，先将黄蜡带从线头的一边在完整绝缘层上离切口40mm处开始包缠，使黄蜡带与导线保持55°的倾斜角，后一圈压叠在前一圈1/2的宽度上。

倾斜55°，后一圈仍压叠前一圈的1/2

黄蜡带包缠完以后，将黑胶带接在黄蜡带尾端，朝相反方向斜叠包缠，仍倾斜55°，后一圈仍压叠前一圈的1/2。

在380V的线路上恢复绝缘层时，先包缠1～2层黄蜡带，再包缠一层绝缘胶带。

在220V线路上恢复绝缘层，可先包一层黄蜡带，再包一层黑胶带，或不包黄蜡带，只包两层黑胶带。

采用与对接相同的方法从左端开始起包，按照前面所讲的方法逐层包扎

包至碰到分支线时，应用左手拇指顶住左侧直角处包上的带面，使它紧贴转角处芯线，并应使处于线顶部的带面尽量向右侧斜压(即跨越到右边)

黑胶带

带沿紧贴住支线连接处根端，开始在支线上缠包，包至完好绝缘层上约两倍带宽时，原带折回再包至支线连接处根端，并把带向干线左侧斜压(不宜倾斜太多)

 **并头接点的恢复方法**

　　并头连接后的端头通常埋藏在木台或接线盒内，空间狭小，导线和附件较多，往往彼此挤轧在一起，且容易贴着建筑面，所以并头接点的绝缘层必须恢复可靠，否则极容易发生漏电或短路等电气故障。

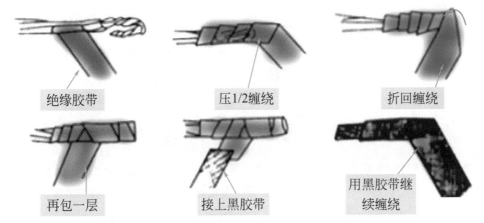

绝缘胶带　　　　压1/2缠绕　　　　折回缠绕

再包一层　　　　接上黑胶带　　　　用黑胶带继续缠绕

第2章　电工基本的操作技能

079

## 接线耳线端绝缘层恢复方法

从完好绝缘层的40～60mm处缠起，方法如下所示。

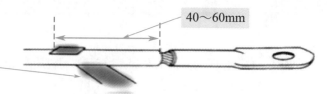

40～60mm

绝缘带缠包到接线耳
近圆柱体底部处

使用绝缘胶带，压住前包扎1/2处一直缠绕

朝起包处缠包黑胶带，包出下层绝缘带约1/2带宽后断带，应完全压住绝缘带。
如上图两箭头所示，两手捏紧后作反方向扭旋，使两端黑胶带端口密封。

## 多股线压接圈线端绝缘层恢复方法

从根处开始包扎

连接黑胶带继续包扎

包扎完全

步骤和方法与上述接线耳方法基本相同，但离压接圈根部5mm的芯线应留着不包。若
包缠到圈的根部，螺栓顶部的平垫圈就会压着恢复的绝缘层，造成接点接触不良。

第3章

# 电工仪表 ◀◀◀

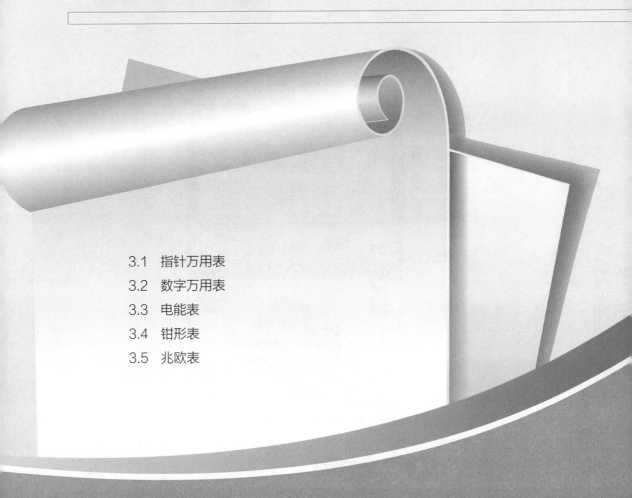

# 3.1 指针万用表

### 3.1.1 指针万用表面板组成

万用表是一种应用十分广泛的电工测量仪表，可以测量直流电流、直流电压、交流电压、直流电阻等，有的万用表还可以测量音频电平、交流电流、电容、电感以及晶体管的$\beta$值等。

万用表主要是由表头、转换开关、测量电路等组成。

显示屏

调零旋钮

三极管检测口

量程选择开关

表笔插孔

Ω调零旋钮

表笔插孔

| 1 | 用"Ω"标示，测量电阻的阻值时应查看这条刻度线 | 2 | 用"$\underset{\sim}{V}$""$\underset{\sim}{mA}$"标示，测量交、直流电压/电流时应查看这条刻度线 |
|---|---|---|---|
| 3 | 用"C(μF)"标示，测量电容器的容量时应查看这条刻度线 | 4 | 用"LV(V)"标示，测量负载电压时可查看这条刻度线 |
| 5 | 用"L(H)50Hz"标示，测量电感的电感量时应查看这条刻度线 | 6 | 用"dB"标示，测量音频信号电平时应查看这条刻度线 |

## 3.1.2 指针万用表的校正

指针式（模拟式）万用表的型号很多，但测量原理基本相同，使用方法差不多。

1 万用表使用前先要调整机械零点，把万用表水平放置好，看表针是否指在电压刻度零点，如不指零，则应旋动机械调零螺钉，使表针准确指在零点上

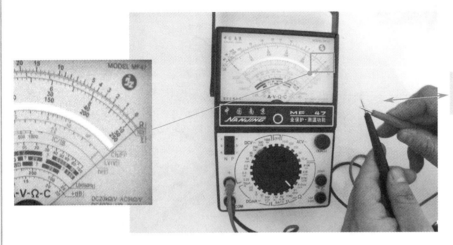

红黑表笔接触短接

注意观察指针线位置

2 万用表有红色和黑色两支表笔（测试棒），使用时应插在表的下方标有"+"和"*"的两个插孔内，红表笔插入"+"插孔，黑表笔插入"*"插孔

3 万用表的刻度盘上有许多标度尺，分别对应不同被测电量和不同量程，测量时应在与被测电量及其量程相对应的刻度线上读数

### 3.1.3 测量直流电压

测试直流电压时，把转换开关换至直流电压量程挡，根据被测电压大小，应从大到小选定量程，再将万用表插孔的+、−极通过表棒并联接入待测电路，在表头第二条刻度（具有V̲标识符）的线上找出相应读值。转换开关所选值为指针向右满偏时的读值，指针指在不同位置，读数应按比例计算。通过换挡，使指针位于表头中部时读数精度最高。

测量直流电压接线原理 ----------------------------------

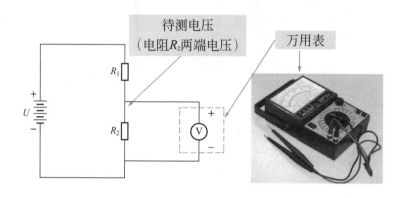

测量直流电压的步骤 ----------------------------------

| 1 | 转动万用表上的选择开关至所需的直流V挡 | 2 | 红表笔接到被测电压的正极，黑表笔接到被测电压的负极，不能接反，然后开始检测 |

选择合适的挡位，若不知道如何选择时，尽可能使用较大挡位

测量1000V以上至2500V的直流电压时，将测量选择开关置于直流"1000V"挡，并将正表笔改插入2500V专用插孔。

## 3.1.4  测量交流电压

万用表的交流电压挡只能测正弦交流电压且读数为有效值，仅适合测量45～1000Hz频率范围内的电压。交流电压的测量范围为10～500V，共三挡。测量交流电压的方法与测量直流电压的方法相同，只需将转换开关旋至交流电压量程范围内。

测量交流电压接线图 ----------------------------------------------------

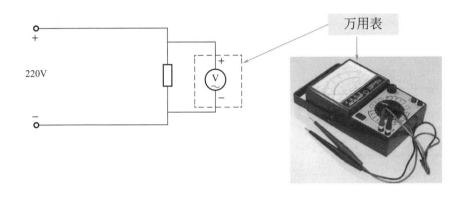

测量交流电压的步骤 ----------------------------------------------------

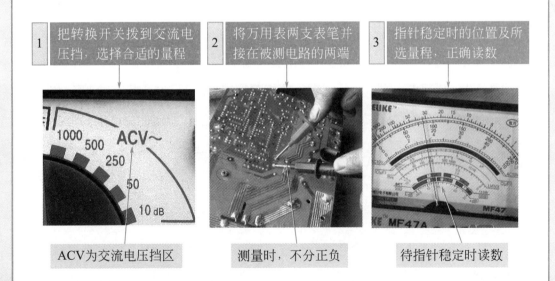

| 1 | 把转换开关拨到交流电压挡，选择合适的量程 |
| 2 | 将万用表两支表笔并接在被测电路的两端 |
| 3 | 指针稳定时的位置及所选量程，正确读数 |

ACV为交流电压挡区　　　测量时，不分正负　　　待指针稳定时读数

测量交流电压与测量直流电压相似，不同之处是两表笔可以不分正、负。

测量1000～2500V的交流电压时，将测量选择开关置于交流"1000V"挡，并将正表笔改插入2500V专用插孔。

## 3.1.5  测量直流电流

测试直流电流时，根据被测电流大小，先将转换开关旋至合适的直流电流量程挡。如不确定，应从大到小选定量程，再将万用表插孔的+（红色）、−（黑色）极通过表棒按正入负出原则，把万用表串联接入待测电路，在表头第二条刻度（具有<u>mA</u>标识符）的线上找出相应读值。转换开关所选值为指针向右满偏时的读值，指针指在不同位置，读数应按比例计算。通过换挡，使指针位于表头中部时读数精度最高。

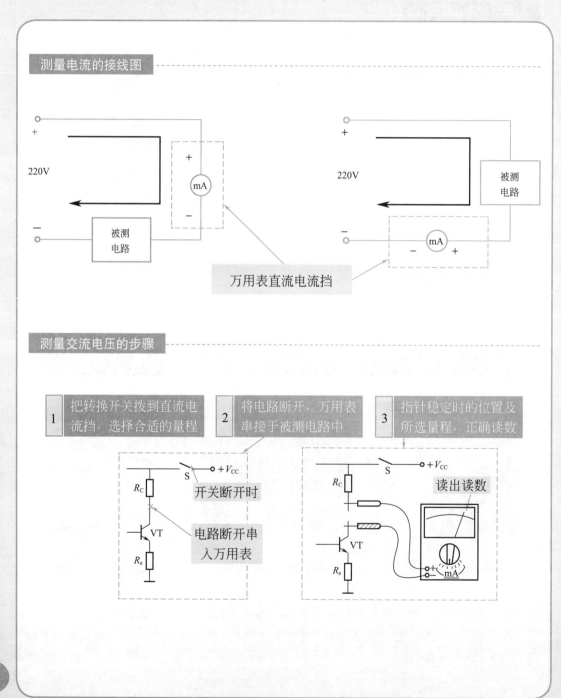

测量电流的接线图

万用表直流电流挡

测量交流电压的步骤

**1** 把转换开关拨到直流电流挡，选择合适的量程

**2** 将电路断开，万用表串接于被测电路中

**3** 指针稳定时的位置及所选量程，正确读数

开关断开时

电路断开串入万用表

读出读数

快学巧学 电工基础

## 3.1.6 测量电阻

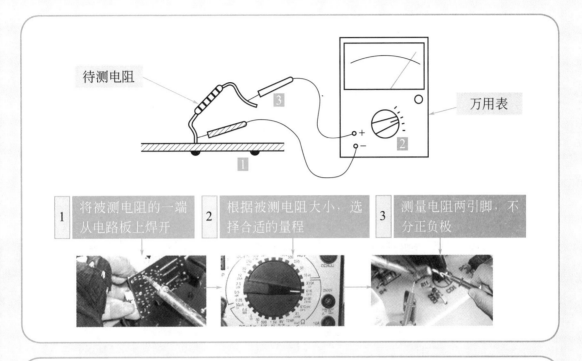

| 1 | 将被测电阻的一端从电路板上焊开 | 2 | 根据被测电阻大小，选择合适的量程 | 3 | 测量电阻两引脚，不分正负极 |

>>特别提醒

　　测量电路电阻时应先切断电路电源，如电路中有电容则应先行放电，以免损坏万用表。

将万用表指针连接至电阻两引脚，不分正负极

待万用表指针稳定，观察读数

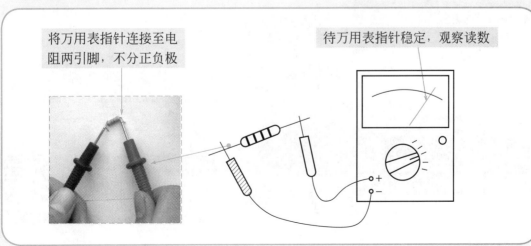

# 3.2 数字万用表

## 3.2.1 数字万用表面板组成

数字式万用表采用数字显示代替传统万用表的指针指示。数字式万用表具有很高的灵敏度和准确度，显示清晰美观，便于观看，且具有无视差、功能多样、性能稳定、过载能力强等优点，因而得到了广泛的应用。

数字式万用表由信号调节器、直流数字电压表和电源三大块组成，其中，信号调节器主要是进行被测参数与直流电压之间的转换，一般包括直流衰减器（进行直流测量）、AC-DC转换（进行交流测量）、I-V转换（进行电流测量）、Ω-V转换（进行电阻测量）等几个主要部分。直流数字电压表由A/D转换、计数器、译码显示器和控制器等组成。

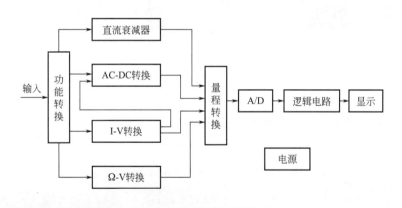

根据被测三极管的种类、型号，将三极管的E、B、C三个极分别插入对应的插孔内

HFE插孔

共有"20A""mA""COM""V/Ω"四个孔。黑表笔始终插在"COM"插孔中，红表笔则根据具体测量对象插入不同插孔

表笔插孔

显示屏

显示最大值为±1999，具有自动调零功能，能显示极性、小数点、过载、低电压指示等多种提示符

量程转换开关

所有测量项目和量程都由此转换开关来设定。应根据不同被测信号的要求，首先确定该转换开关的挡位

## 3.2.2 二极管的测试

| 1 | 先将黑表笔插入COM插孔，红表笔插入V/Ω插孔 | 2 | 将功能开关置于二极管挡，将两表笔连接到被测二极管两端，显示器将显示二极管正向压降的mV值 |
|---|---|---|---|

当二极管反向时则过载。根据万用表的显示，可检查二极管的质量及鉴别所测量的管子是硅管还是锗管：

| 1 | 测量结果若在1V以下，红表笔所接为二极管正极，黑表笔为负极 |
|---|---|
| 2 | 测量显示若为550~700mV者为硅管；150~300mV者为锗管 |
| 3 | 如果两个方向均显示超量程，则二极管开路；若两个方向均显示"0"V，则二极管击穿、短路 |

## 3.2.3 晶体管放大系数 $h_{FE}$ 的测试

| 1 | 将功能开关置于HFE挡，然后确定晶体管是NPN型还是PNP型 | 2 | 将发射极、基极、集电极分别插入相应的插孔。此时，显示器将显示出晶体管的放大系数 $h_{FE}$ 值 |
|---|---|---|---|

 1 基极判别 ➡ 将红表笔接某极，黑表笔分别接其他两极，若都出现超量程或电压都小，则红表笔所接为基极；若一个超量程，一个电压小，则红表笔所接不是基极，应换脚重测。

 2 管型判别 ➡ 在上面测量中，若显示都超量程，为PNP管；若电压都小（0.5~0.7V），则为NPN管。

 3 集电极、发射极判别 ➡ 用HFE挡判别。在已知管子类型的情况下（此处设为NPN管），将基极插入B孔，其他两极分别插入C、E孔。若结果为 $h_{FE}$=1~10（或十几），则三极管接反了；若 $h_{FE}$=10~100（或更大），则接法正确。

# 3.3 电能表

## 3.3.1 电能表的组成与工作原理

电能表又叫电度表、火表，是用来计量电能的仪表。

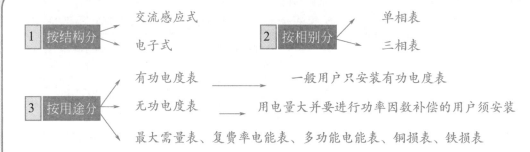

电能表大盖上的铅封是电能表检验、修理、制造部门锁封的，而小盖上的铅封是供电企业装表、检查等人员锁封的，它们都是一种加封锁住的含义，除专业持有封印钳模的人员可以开启外，其他人员一律不得自行开启。

## 3.3.2 电能表的接线方式

单相电度表内部竖直方向有一铁芯，铁芯中间夹一铝盘，铁芯上绕有线细匝数多的电压线圈，铝盘的下方水平放置一个铁芯，铁芯上绕有线粗匝数少的电流线圈。

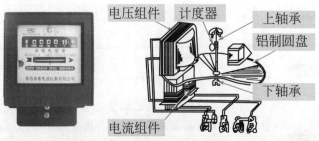

当有电流通过时，电压线圈与电流线圈中都产生磁场，磁场通过铁芯作用于铝盘。铝盘受力转动，通过齿轮驱动计数器计数。

## 低压小电流线路

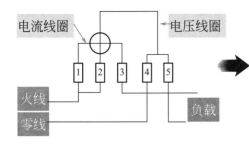

电流线圈　电压线圈

火线　零线　负载

在低压小电流线路中，电度表直接接在线路上

## 低压大电流线路

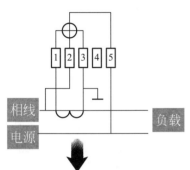

相线　电源　负载

在低压大电流线路中，必须用电流互感器将电流变小，匝数少的线圈串联在电源线上，匝数多的线圈与电度表内部的电流线圈并接。

## 低压大电流线路

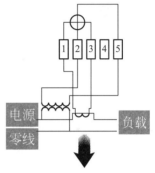

电源　零线　负载

在高电压线路中，必须用电压互感器将电压变小，匝数多的线圈并接在电源上，匝数少的线圈与电度表内部的电压线圈并接。

 **三相式电度表**

三相式电度表内部由两组与单相电度表一样的励磁系统集合而成，工作时两组元件共同带动转轴转动，通过齿轮驱动计数器计数。

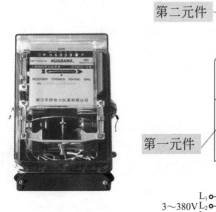

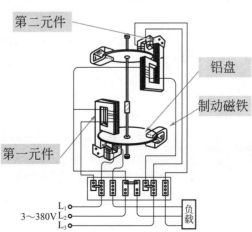

第二元件

铝盘

制动磁铁

第一元件

$L_1$
$3\sim380V$ $L_2$
$L_3$

负载

三相三线式接线 .....................................................................

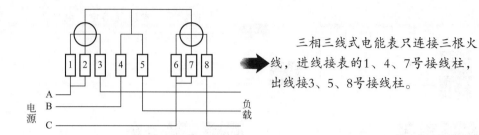

三相三线式电能表只连接三根火线，进线接表的1、4、7号接线柱，出线接3、5、8号接线柱。

三相四线式接线 .....................................................................

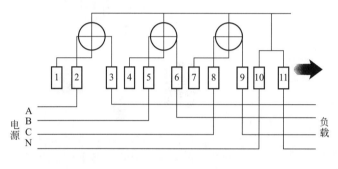

三相四线式电能表中1、4、7接电流互感器二次侧S1端，即电流进线端；3、6、9接电流互感器二次侧S2端，10、11是接零端。为了安全，应将电流互感器S2端连接后接地。

### 3.3.3 电子式电能表

电子式电能表与交流感应式电度表相比较，具有精度高、功耗小、过载能力强、轻便可靠等特点，应用越来越广。常用电子式电能表有普通电子式电能表、电子式预付费电能表、电子式多费率电能表。

普通电子式电能表是利用电子测量电路对电能进行测量，在测量时由测量电路驱动电机旋转，再带动滚轮计数器旋转进行计数。

电子式多费率电能表又称分时计费电能表，内有专用集成单片机芯片，利用单片机进行分时段的计费控制，并能多功能显示。

## 3.4 钳形表

### 3.4.1 指针式钳形表

钳形电流表是一种用于测量正在运行的电气线路的电流大小的仪表，可在不断电的情况下测量电流。它分为指针式和数字式。

指针式钳形电流表主要由铁芯、线圈、电流表、量程旋钮和手柄等组成。测量部分主要由一块电磁式电流表和穿心式电流互感器组成，穿心式电流互感器铁芯做成活动开口，且成钳形。

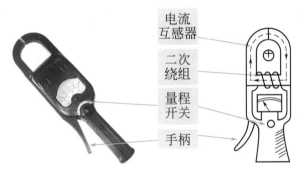

当被测载流导线中有交变电流通过时，交流电流的磁通在互感器副绕组中感应出电流，使电磁式电流表的指针发生偏转，在表盘上可读出被测电流值。

测试人应戴手套，将表端平，张开钳口，检查指针是否在零位，否则，应进行机械调零。先估计被测电流的大小，选择合适量程。若无法估计，为防止损坏钳形电流表，应从最大量程开始测量，逐步变换挡位直至量程合适。改变量程时应将钳形电流表的钳口断开。

钳形电流表的钳口应紧密接合，若指针抖晃，可重新开闭一次钳口，如果抖晃仍然存在，应仔细检查，注意清除钳口杂物、污垢，然后进行测量。然后，按下表的手柄，张开钳口，钳入一根导线，指针摆动，指示被测电流的大小。

若是在三相四线系统中同时钳入两根导线，则指示的电流值，应是第三条线的电流，同时钳入三根相线测量，则指示的电流值，应是工作零线上的电流。

如果被测电路电流太小，可将被测载流导线在钳口部分的铁芯上缠绕几圈再测量，然后将读数除以穿入钳口内导线的根数即为实际电流值。

## 3.4.2　数字式钳形表

数字式钳形表有两类，一类只能测电流，另一类不但可以测电流，还能测电压、电阻等，具有钳形表和万用表的复合功能。其使用方法、注意事项与指针式钳形表基本一致。

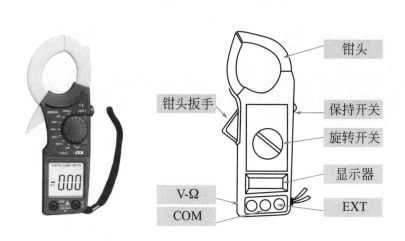

**数字万用表使用注意事项**

测量前应先估计被测电流的大小，选择合适量程。若无法估计，为防止损坏钳形电流表，应从最大量程开始测量，逐步变换挡位直至量程合适。改变量程时应将钳形电流表的钳口断开。

测高压线路的电流时，要戴绝缘手套，穿绝缘鞋，站在绝缘垫上。

测量时，钳形电流表的钳口应紧密接合，若指针抖晃，可重新开闭一次钳口，如果抖晃仍然存在，应仔细检查，注意清除钳口杂物、污垢，然后进行测量。

测量小电流时，为使读数更准确，在条件允许时，可将被测载流导线绕数圈后放入钳口进行测量。此时被测导线实际电流值应等于仪表读数值除以放入钳口的导线圈数。

测量结束，应将量程开关置于最高挡位，以防下次使用时疏忽，未选准量程进行测量而损坏仪表。

快学巧学　电工基础

# 3.5 兆欧表

## 3.5.1 兆欧表的组成

兆欧表又称摇表或绝缘电阻测定仪，它是用来检测电气设备、供电线路绝缘电阻的一种可携式仪表。以"MΩ"为单位，可较准确地测出绝缘电阻值。

 **兆欧表的结构原理**

兆欧表主要包括三个部分：手摇直流发电机（或交流发电机加整流器）、磁电式流比计、接线柱（L、E、G）。

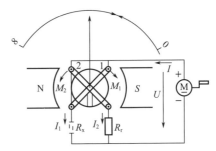

手摇直流发电机的额定输出电压有250V、500V、1kV、2.5kV、5kV等几种规格。

 **兆欧表的选用**

选择兆欧表时，其额定电压一定要与被测电气设备或线路的工作电压相适应，测量范围也要与被测绝缘电阻的范围相吻合。

| 被测对象 | 被测设备或线路额定电压/V | 选用的兆欧表/V |
| --- | --- | --- |
| 线圈的绝缘电阻 | 500以下 | 500 |
| | 500以上 | 1000 |
| 电机绕组绝缘电阻 | 500以下 | 1000 |
| 变压器、电机绕组绝缘电阻 | 500以上 | 1000～2500 |
| 电气设备和电路绝缘 | 500以下 | 500～1000 |
| | 500以上 | 2500～5000 |

## 3.5.2 兆欧表的使用

**1 测量前** ➡ 将兆欧表平稳放置，先使L、E两端开路，摇动手柄使发电机达到额定转速，这时表头指针应指在"∞"刻度处。然后将L、E两端短路，缓慢摇动手柄，指针应指在"0"刻度上。若指示不对，说明该兆欧表不能使用，应进行检修。

**2 测量时** ➡ 必须在不带电的情况下进行，决不允许带电测量。测量前应先断开被测线路或设备的电源，并对被测设备进行充分放电，清除残存静电荷，以免危及人身安全或损坏仪表。

接地

接线路    接零线

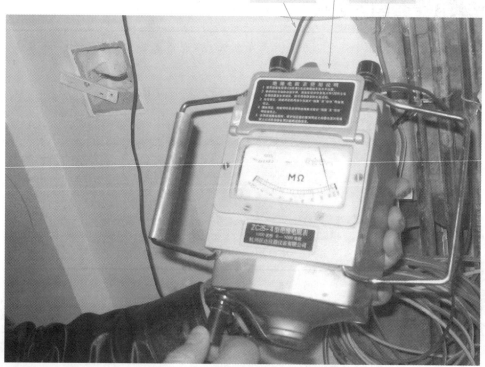

**使用注意事项**

**1 测绝缘电阻** ➡ 测量电气设备的绝缘电阻，必须先切断电源，遇到有电容性质的设备，例如电缆，线路必须先进行放电。

**2 测绝缘电阻大小** ➡ 兆欧表的量程往往达几千兆欧，最小刻度在1MΩ左右，因而不适合测量100kΩ以下的电阻。

第**4**章

# 低压电器选用识别 ◀◀◀

# 4.1 低压电器的基本常识

低压电器是指用于额定电压在交流1000V或直流1500V及以下，在由供电系统和用电设备等组成的电路中起保护、控制、调节、转换和通断作用的电器。

低压电器种类繁多，功能各样，构造各异，用途广泛，工作原理各不相同，常用低压电器的分类方法也很多。

## 按型号分类

为了便于了解文字符号和各种低压电器的特点，采用我国《国产低压电器产品型号编制办法》的分类方法，将低压电器分为13个大类。每个大类用一位汉语拼音字母作为该产品型号的首字母，第二位汉语拼音字母表示该类电器的各种形式。

| 1 | 刀开关H | 例如HS为双投式刀开关（刀形转换开关），HZ为组合开关。 |
| 2 | 熔断器R | 例如RC为瓷插式熔断器，RM为密封式熔断器。 |
| 3 | 断路器D | 例如DW为万能式断路器，DZ为塑壳式断路器。 |
| 4 | 控制器K | 例如KT为凸轮控制器，KG为鼓形控制器。 |
| 5 | 接触器C | 例如CJ为交流接触器，CZ为直流接触器。 |
| 6 | 起动器Q | 例如QJ为自耦变压器降压起动器，QX为星三角起动器。 |
| 7 | 控制继电器J | 例如JR为热继电器，JS为时间继电器。 |
| 8 | 主令电器L | 例如LA为按钮，LX为行程开关。 |
| 9 | 电阻器Z | 例如ZG为管形电阻器，ZT为铸铁电阻器。 |
| 10 | 变阻器B | 例如BP为频敏变阻器，BT为启动调速变阻器。 |

## 按用途或控制对象分类

| 1 | 配电电器 | 主要用于低压配电系统中。要求系统发生故障时准确动作、可靠工作，在规定条件下具有相应的动稳定性与热稳定性，使电器不会被损坏。常用的配电电器有刀开关、转换开关、熔断器、断路器等。 |

| 2 | 控制电器 | ➤ | 主要用于电气传动系统中。要求寿命长、体积小、重量轻且动作迅速、准确、可靠。常用的控制电器有接触器、继电器、启动器、主令电器、电磁铁等。 |

## 按动作方式分类

| 1 | 自动电器 | ➤ | 依靠自身参数的变化或外来信号的作用，自动完成接通或分断等动作，如接触器、继电器等。 |
| 2 | 手动电器 | ➤ | 用手动操作来进行切换的电器，如刀开关、转换开关、按钮等。 |

## 按触点类型分类

| 1 | 有触点电器 | ➤ | 利用触点的接通和分断来切换电路，如接触器、刀开关、按钮等。 |
| 2 | 无触点电器 | ➤ | 无可分离的触点。主要利用电子元件的开关效应，即导通和截止来实现电路的通、断控制，如接近开关、霍尔开关、电子式时间继电器、固态继电器等。 |

## 按工作原理分类

| 1 | 电磁式电器 | ➤ | 根据电磁感应原理动作的电器，如接触器、继电器、电磁铁等。 |
| 2 | 非电量控制电器 | ➤ | 依靠外力或非电量信号（如速度、压力、温度等）的变化而动作的电器，如转换开关、行程开关、速度继电器、压力继电器、温度继电器等。 |

>> 特别提醒

低压电器一般都有两个基本部分：一个是感测部分，它感测外界的信号，作出有规律的反应，在自控电器中，感测部分大多由电磁机构组成，在受控电器中，感测部分通常为操作手柄等；另一个是执行部分，如触点是根据指令进行电路的接通或切断的。

## 4.2 刀开关

### 4.2.1 刀开关的结构和分类

刀开关又称闸刀开关，是一种带有动触点（触刀），在闭合位置与底座上的静触点（刀座）相契合（或分离）的一种开关。常用的刀开关有开启式负荷开关和封闭式负荷开关。

 **开启式负荷开关**

开启式负荷开关俗称胶盖式刀开关或胶盖闸刀，是一种结构简单的低压开关，使用最为普遍。

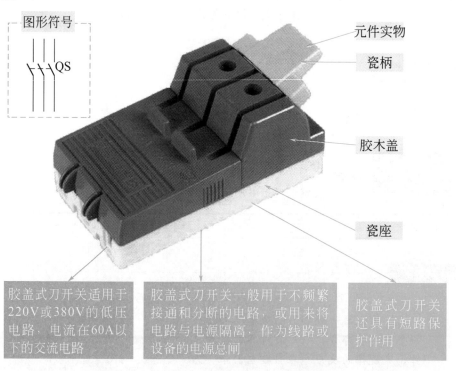

图形符号

QS

元件实物

瓷柄

胶木盖

瓷座

胶盖式刀开关适用于220V或380V的低压电路，电流在60A以下的交流电路

胶盖式刀开关一般用于不频繁接通和分断的电路，或用来将电路与电源隔离，作为线路或设备的电源总闸

胶盖式刀开关还具有短路保护作用

>> 特别提醒

刀开关实际是在闭合位置与底座上的静触点（刀座）相契合（或分离）的一种开关。

## 4.2.2 刀开关的安装技能

1　在安装胶盖式刀开关时，必须垂直安装在控制屏或开关箱（板）上，手柄要向上，不得倒装，手柄向上为合闸，向下为断闸。否则，在分断状态下，若刀开关松动脱落，造成误接通，会引起安全事故

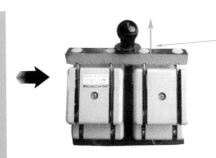

手柄安装时要朝上，向下为断闸

2　刀开关接线时，电源进线应接在刀座上端，负载引线接在下方，熔断器接在负荷侧，否则，在更换熔丝时会发生触电事故

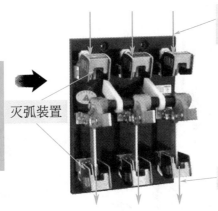

接电源引入线

灭弧装置

接负载线

3　封闭式负荷开关的外壳上装有专门的灭弧螺钉，并带有灭弧罩，具有一定的灭弧能力。因此，应进行保护接零或接地

4　接线应拧紧，否则会引起过热，影响正常运行。开关距地面的高度为1.3～1.5m，在有行人通过的地方，应加装防护罩。同时，刀开关在接、拆线时，应首先断电

开关距地面距离应有1.3～1.5m

地面

# 4.3 断路器

## 4.3.1 断路器的结构和分类

低压断路器是一种用于交流50Hz或60Hz、额定电压在1200V及以下、直流额定电压在1500V及以下能接通、承受及分断电流的配电电器。

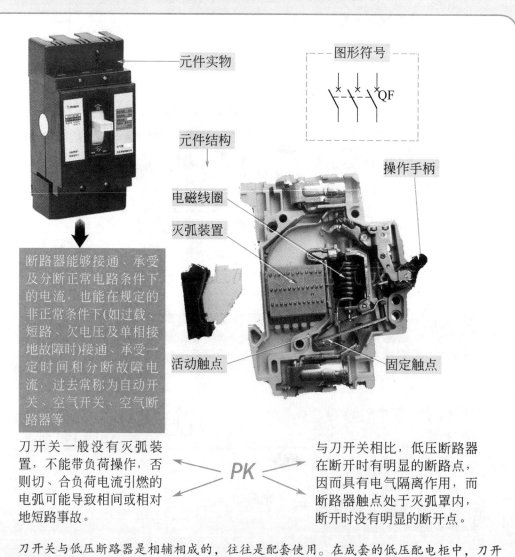

元件实物

图形符号

QF

元件结构

操作手柄

电磁线圈

灭弧装置

断路器能够接通、承受及分断正常电路条件下的电流，也能在规定的非正常条件下(如过载、短路、欠电压及单相接地故障时)接通、承受一定时间和分断故障电流，过去常称为自动开关、空气开关、空气断路器等

活动触点

固定触点

刀开关一般没有灭弧装置，不能带负荷操作，否则切、合负荷电流引燃的电弧可能导致相间或相对地短路事故。

PK

与刀开关相比，低压断路器在断开时有明显的断路点，因而具有电气隔离作用，而断路器触点处于灭弧罩内，断开时没有明显的断开点。

刀开关与低压断路器是相辅相成的，往往是配套使用。在成套的低压配电柜中，刀开关一般都与断路器串联使用，刀开关上接电源下接断路器，断路器上接刀开关下接负载。

快学巧学

电工基础

**万能式断路器**

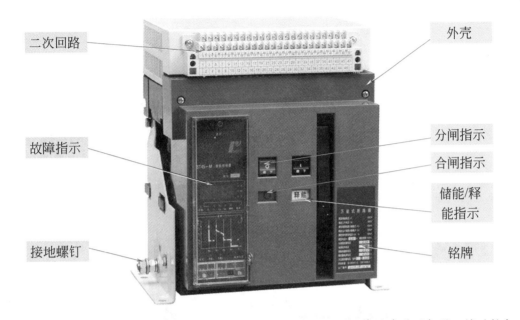

二次回路

外壳

故障指示

分闸指示

合闸指示

储能/释
能指示

接地螺钉

铭牌

　　这种断路器容量较大，其额定电流一般为630 ～ 5000A，可装设多种脱扣器，辅助触点
的数量很多，不同的脱扣器组合可以构成不同的保护特性。

 **塑料外壳式断路器**

外壳

开/合闸

这种断路器的所有
零部件都安装在一
个塑料外壳中，没
有裸露的带电部
分，使用比较安全

塑料外壳式断路器
多为非选择型，而
且容量较小，一般
在600A以下，小容
量的断路器（50A以
下）一般采用非储
能闭合、手动操作

## 4.3.2 断路器的安装技能

1 低压断路器应水平或垂直安装，特殊形式的低压断路器应按产品说明的要求进行安装

低压断路器要保持水平或垂直安装

2 低压断路器应安装牢固、整齐、便于操作和检修

3 在有易燃、易爆、腐蚀性气体的场所，应采取防爆等特殊类型的低压电路器

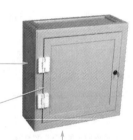

特殊场合可以加装此类防护盒

4 在多尘、潮湿、人易触碰和露天场所，应采用封闭式的低压电器，采用开启式的，应加保护箱

5 落地安装的低压电路器，其底部应高出地面100mm

开关距地面距离应有100mm

地面

6 安装低压断路器（尤其是万能式断路器）的盘面上一般应标明安装设备的名称及回路编号或路别

# 4.4 接触器

## 4.4.1 接触器的结构和分类

接触器是指仅有一个起始位置，能接通、承载和分断正常电路条件（包括过载运行条件）下的电流的一种非手动操作的机械开关电器。

 **交流接触器**

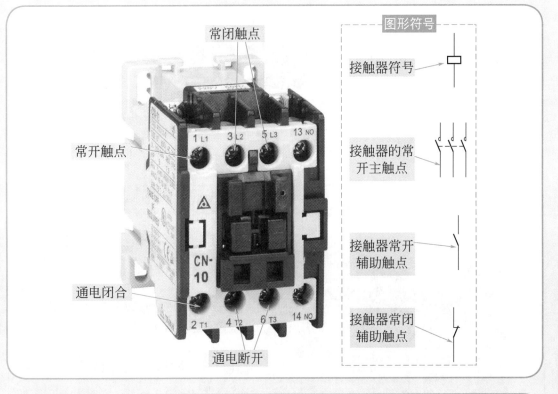

常闭触点

常开触点

通电闭合

通电断开

图形符号

接触器符号

接触器的常开主触点

接触器常开辅助触点

接触器常闭辅助触点

>> 特别提醒

它可用于远距离频繁接通和分断交直流主电路和大容量控制电路，具有动作快、控制容量大、使用安全方便、能频繁操作和远距离操作等优点，主要用于控制交直流电动机，也可用于控制小型发电机、电热装置、电焊机和电容器组等设备，是电力拖动自动控制电路中使用最广泛的一种低压电器。

直流接触器

直流接触器：一般用于控制直流电气设备，线圈中通以直流电，直流接触器的动作原理和结构基本上与交流接触器是相同的

接线柱

固定底板

辅助触点

当线路简单、使用电器较少时，可选用220V或380V

或者

当线路复杂、使用电器较多时，可选用36V、110V或127V

 真空接触器

真空接触器是一种将通断主电路的触点密封在真空开关管之中的新型接触器。

分断能力强。分断电流可达额定电流的10~20倍

寿命长。电寿命达数十万次，机械寿命可达百万次

体积小、重量轻、无飞弧距离，安全可靠

可频繁操作

维修简便，主触点无需维修，运行噪声小，运行不受恶劣环境影响

## 4.4.2 接触器的安装技能

接触器使用最为广泛的就是在电动机控制线路中，在此处也以此接线为例进行讲述。

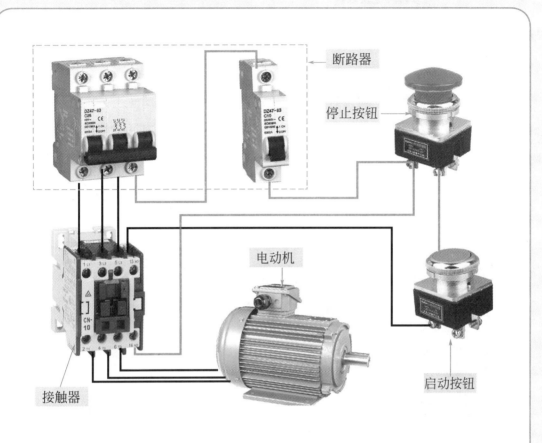

断路器

停止按钮

电动机

启动按钮

接触器

接触器安装注意事项

| | | | |
|---|---|---|---|
| 1 | 安装时，接触器的底面应与地面垂直，倾斜度应小于5° | 4 | 安装时，应注意留有适当飞弧空间，以免烧损相邻电器 |
| 2 | 安装应牢固，接线应可靠，螺钉应加装弹簧垫和平垫圈，以防松脱和振动 | 5 | 灭弧罩应安装良好，不得在灭弧罩破损或无灭弧罩的情况下将接触器投入使用 |
| 3 | 安装完毕后，应检查有无零件或杂物掉落在接触器上或内部，检查接触器的接线是否正确，还应在不带负载的情况下检测接触器的性能是否合格 | 6 | 确定安装位置时，还应考虑到日常检查和维修方便性，以及在日后的使用中要注意清洁 |

第4章 低压电器选用识别

107

# 4.5 继电器

## 4.5.1 继电器的分类及结构

继电器是一种自动和远距离操纵用的电器,广泛地用于自动控制系统、遥控、遥测系统、电力保护系统以及通信系统中,起着控制、检测、保护和调节的作用,是现代电气装置中最基本的器件之一。

 **电流继电器**

电流继电器是一种根据线圈中(输入)电流大小而接通或断开电路的继电器,即触点的动作与线圈动作电流大小有关的继电器。

电流继电器常用于电动机的过载及短路保护、直流电机磁场控制及失磁保护中

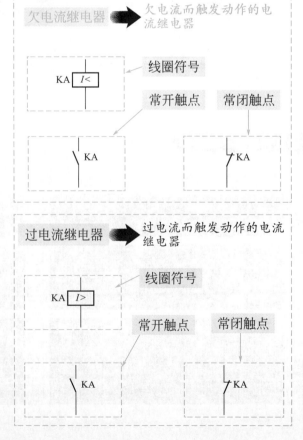

欠电流继电器 ➡ 欠电流而触发动作的电流继电器

KA $I<$   线圈符号

常开触点    常闭触点

KA    KA

过电流继电器 ➡ 过电流而触发动作的电流继电器

KA $I>$   线圈符号

常开触点    常闭触点

KA    KA

**电压继电器**

电压继电器是一种当电路中电压达到预定值时而接通或断开电路的继电器，即触点的动作与线圈的动作电压大小有关的继电器。

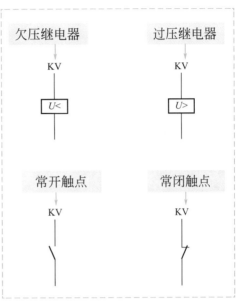

电压继电器常被用于电动机失压或欠电压保护以及制动和反转控制线路等

 **中间继电器**

中间继电器是一种通过控制电磁线圈的通断将一个输入信号变成多个输出信号或将信号放大（即增大触点容量）的继电器。

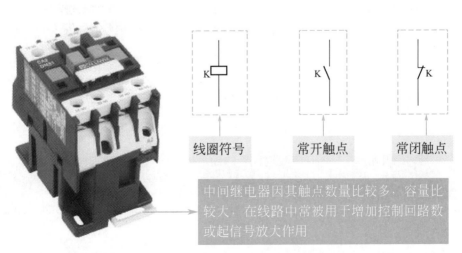

中间继电器因其触点数量比较多，容量比较大，在线路中常被用于增加控制回路数或起信号放大作用

时间继电器是一种自得到动作信号起至触点动作或输出电路产生跳跃式改变有一定延时，该延时又符合其准确度要求的继电器，即从得到输入信号（线圈的通电或断电）开始，经过一定的延时后才输出信号（触点的闭合或断开）的继电器。

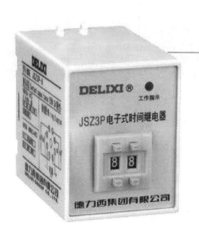

时间继电器用于交直流电动机，作为以时间为函数启动时切换电阻的加速继电器，笼型电动机的自动星-三角形启动、能耗制动及控制各种生产工艺程序等方面

时间继电器的图形符号较多，在电路的不同位置中，用于表现继电器的状态

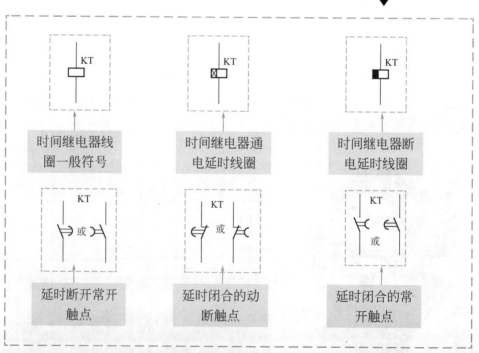

时间继电器线圈一般符号

时间继电器通电延时线圈

时间继电器断电延时线圈

延时断开常开触点

延时闭合的动断触点

延时闭合的常开触点

## 4.5.2　继电器的安装

继电器的使用非常广泛，接下来以照明线路的断电延时控制电路为例，讲述其安装及接线方法。

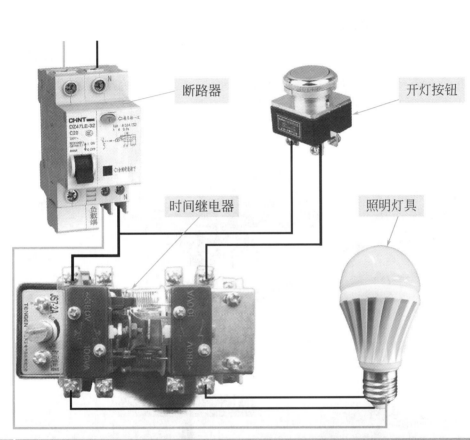

断路器

开灯按钮

时间继电器

照明灯具

| 1 | 若需要许多只继电器紧挨着安装在一起时，由于产生的热量叠加，可能会导致非正常高温，所以，安装时彼此间应有足够的间隙(一般为5mm)以防止热量累积 |
|---|---|

| 2 | 当使用插座时，应保证插座安装牢固，继电器引脚与插座接触可靠，安装孔与插座配合良好并正确使用插座及继电器安装支架 |
|---|---|

| 3 | 如需要用引线连接继电器，应按照其负载大小，选取适当截面积的引线 |
|---|---|

# 4.6 主令电器

## 4.6.1 主令控制器

主令控制器也称主令开关，是用来频繁地按顺序操纵多个控制回路的主令电器，即从主令开关发出控制指令，通过接触器来实现对电力驱动装置的控制。主令控制器常用于电动机的启动、制动、调速和反转。

主令控制器按控制方式的不同可分为手动和电动机驱动两种形式。就其结构而言，主令控制器又可分为凸轮调整式和凸轮非调整式两种。

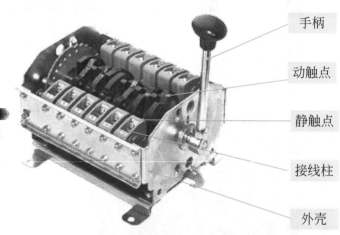

手柄

动触点

静触点

接线柱

外壳

凸轮调整式主令控制器

凸轮片上开有孔和槽，凸轮片的位置能按给定的分合表进行调整，能够通过减速器与操纵机械相连。

凸轮非调整式主令控制器

凸轮不能调整，仅能按触点分合表做适当的排列组合，适用于组成联动控制台，实现多位控制。

## 4.6.2　行程开关

行程开关又叫限位开关或位置开关，是一种利用生产机械某些运动部件的碰撞来发出控制指令的主令电器。

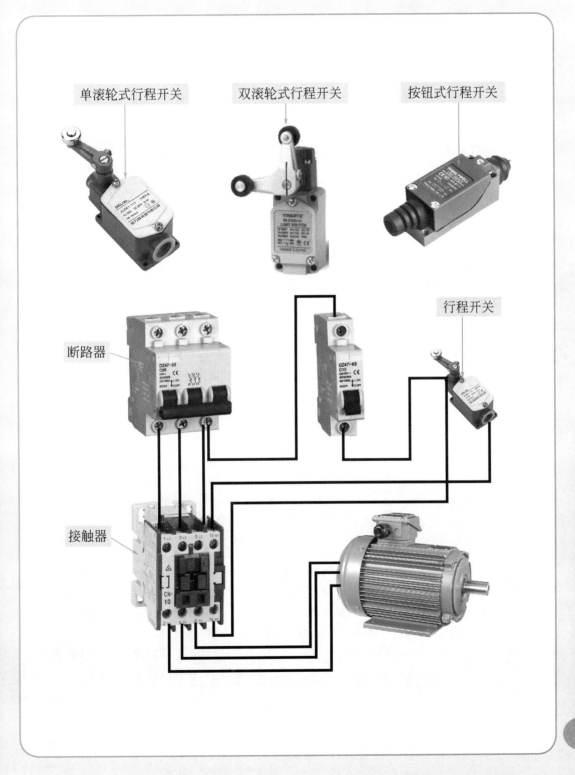

单滚轮式行程开关

双滚轮式行程开关

按钮式行程开关

断路器

行程开关

接触器

### 4.6.3 按钮开关

按钮开关是一种手动且一般可自动复位的主令电器。它不直接控制主电路的通断，而是通过控制电路的接触器、继电器、电磁启动器来操纵主电路。

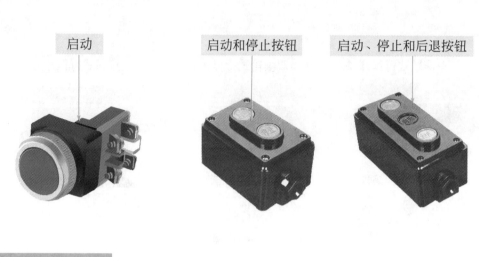

启动　　　　　　启动和停止按钮　　　　　启动、停止和后退按钮

按钮开关图形符号

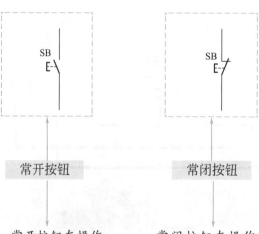
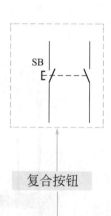

常开按钮　　　　　　　常闭按钮　　　　　　　复合按钮

　　常开按钮在操作前触点是断开的，手指按下时触点接通，手指放松后，触点自动复位。

　　常闭按钮在操作前触点是闭合的，手指按下时触点断开，手指放松后，触点自动复位。

　　复合按钮有两组触点，操作前有一组闭合，另一组断开，手指按下时，闭合的触点断开，而断开的触点闭合，手指放开后，两组触点全部自动复位。

快学巧学 电工基础

## 4.6.4　LW万能转换开关

LW万能转换开关是一种对电路进行多种转换的主令电器，它可用于电压表、电流表的换相测量控制，小型电机的启动、制动及正反转转换控制，以及各控制电路的操作。由于开关的触点挡位多，换接线路多，用途广泛，故称为万能转换开关。

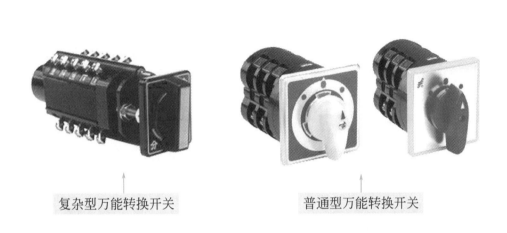

复杂型万能转换开关　　　　　普通型万能转换开关

转换开关的触点很多，位置也很多，在原理图中有时需要给出转换开关转动不同位置的触点通断表。

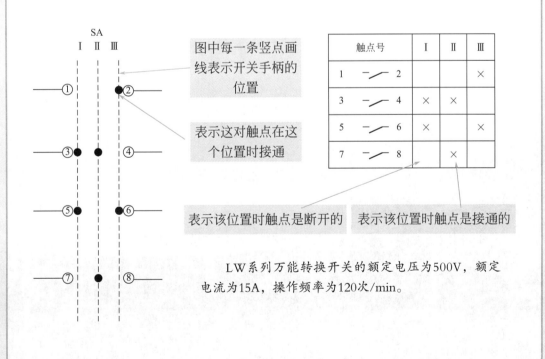

| 触点号 | I | II | III |
|---|---|---|---|
| 1 — 2 | | | × |
| 3 — 4 | × | × | |
| 5 — 6 | × | | × |
| 7 — 8 | | × | |

图中每一条竖点画线表示开关手柄的位置

表示这对触点在这个位置时接通

表示该位置时触点是断开的　　表示该位置时触点是接通的

LW系列万能转换开关的额定电压为500V，额定电流为15A，操作频率为120次/min。

# 电子元器件识别检测

# 5.1 电阻器

## 5.1.1 固定电阻器

电阻器是限制电流的元件，通常简称为电阻，是一种最基本、最常用的电子元件。

普通电阻器

碳膜电阻

金属膜电阻

被釉电阻

水泥电阻

大功率铝壳电阻

可变电阻

敏感电阻器

压敏电阻

热敏电阻

光敏电阻

在电路中常用R+代号标识，其单位为欧姆（Ω），常用的单位还有kΩ、MΩ、GΩ和TΩ，其换算关系如下所示，常见的电阻符号如下图所示。

$$10^3\Omega = 1k\Omega$$
$$10^6\Omega = 1M\Omega$$
$$10^9\Omega = 1G\Omega$$
$$10^{12}\Omega = 1T\Omega$$

我国标准电
阻符号

国外常用电
阻符号

电阻器的种类众多，而且分类方法也多种多样，在本书中分为固定电阻、可变电阻和敏感电阻三类。

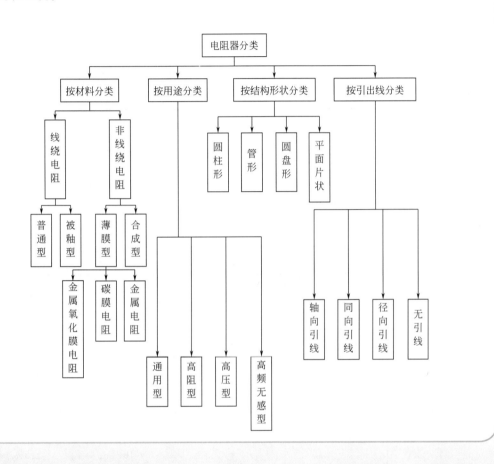

## 电阻阻值识别

电阻阻值的标注方法，常见的有3种，分别为：色环标注法、直接标注法和3位数标注法。

### 色环标注法

小功率电阻（特别是0.5W以下的碳膜和金属膜电阻）多用表面色环表示标称阻值，每一种颜色代表一个数字，这在工程上叫做色环。电阻阻值的常用色环表示有三色环、四色环和五色环三种，如上页电阻中碳膜电阻和金属膜电阻均采用的是色环标注法。

三色环标注

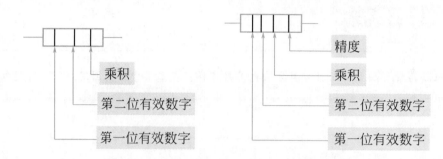

对于四色环电阻，用3个色环来表示阻值（前两环代表有效值，第三环代表乘上的次方数），用1个色环表示误差。其中，四色环色标标志法颜色及其含义见下表。

| 色环颜色 | 第一色环 | 第二色环 | 第三色环 | 第四色环 |
|---|---|---|---|---|
| | 第一位数值 | 第二位数值 | 第三位数值 | 第四位数值 |
| 黑 | — | 0 | $\times 10^0$ | — |
| 棕 | 1 | 1 | $\times 10^1$ | — |
| 红 | 2 | 2 | $\times 10^2$ | — |
| 橙 | 3 | 3 | $\times 10^3$ | — |
| 黄 | 4 | 4 | $\times 10^4$ | — |
| 绿 | 5 | 5 | $\times 10^5$ | — |
| 蓝 | 6 | 6 | $\times 10^6$ | — |
| 紫 | 7 | 7 | $\times 10^7$ | — |
| 灰 | 8 | 8 | $\times 10^8$ | — |
| 白 | 9 | 9 | $\times 10^9$ | — |
| 金 | — | — | $\times 10^{-1}$ | ±5% |
| 银 | — | — | $\times 10^{-2}$ | ±10% |
| 无色 | — | — | — | ±20% |

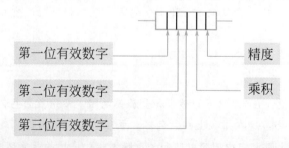

五色环电阻一般是金属膜电阻，为了更好地表示精度，用4个色环表示阻值，另一个色环表示误差。四色环色标标志法颜色及其含义对比见下页表。

| 色环颜色 | 第一色环 | 第二色环 | 第三色环 | 第四色环 | 第五色环 |
|---|---|---|---|---|---|
| | 第一位数值 | 第二位数值 | 第三位数值 | 第四位数值 | 第五位数值 |
| 黑 | — | 0 | 0 | $\times 10^0$ | — |
| 棕 | 1 | 1 | 1 | $\times 10^1$ | $\pm 1\%$ |
| 红 | 2 | 2 | 2 | $\times 10^2$ | $\pm 2\%$ |
| 橙 | 3 | 3 | 3 | $\times 10^3$ | |
| 黄 | 4 | 4 | 4 | $\times 10^4$ | |
| 绿 | 5 | 5 | 5 | $\times 10^5$ | $\pm 5\%$ |
| 蓝 | 6 | 6 | 6 | $\times 10^6$ | $\pm 0.25\%$ |
| 紫 | 7 | 7 | 7 | $\times 10^7$ | $\pm 0.1\%$ |
| 灰 | 8 | 8 | 8 | $\times 10^8$ | — |
| 白 | 9 | 9 | 9 | $\times 10^9$ | — |
| 金 | — | — | — | $\times 10^{-1}$ | |
| 银 | — | — | — | $\times 10^{-2}$ | |

## 直接标注法

用数字和单位符号在电阻器表面上直接标出，如3.3kΩ±5%的电阻标志如下。

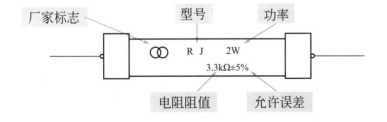

## 三位数标注法

用三位阿拉伯数字表示电阻器的阻值，前两位数字表示电阻器阻值的有效数字，第三位数字表示有效数字后面零的个数（或10的幂数）。如200表示20Ω，331表示330Ω，472表示4.7kΩ。

| 201 | 100 | 2R4 | R68 | 684 | 475 | 101 | 332 | 513 | 6801 |
|---|---|---|---|---|---|---|---|---|---|
| 200Ω | 10Ω | 2.4Ω | 0.68Ω | 680kΩ | 4.7MΩ | 100Ω | 3.3kΩ | 51kΩ | 6.8kΩ |

国产电阻器的代号一般由四部分组成，而国外产的电阻器型号由七部分构成，代表的含义略有不同，详见下面所述。

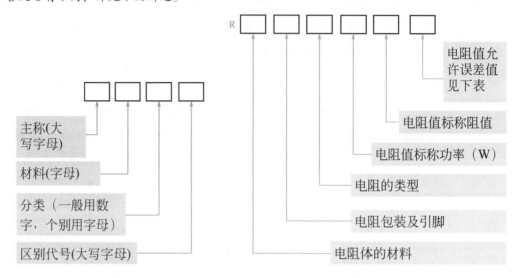

主称(大写字母)

材料(字母)

分类（一般用数字，个别用字母）

区别代号(大写字母)

电阻值允许误差值见下表

电阻值标称阻值

电阻值标称功率（W）

电阻的类型

电阻包装及引脚

电阻体的材料

| 第一部分：主称 | | 第二部分：材料 | | 第三部分：特征分类 | | | 第四部分 |
|---|---|---|---|---|---|---|---|
| 符号 | 意义 | 符号 | 意义 | 符号 | 意义 | | |
| | | | | | 电阻器 | 电位器 | |
| R W（RP） | 电阻器 电位器 | T | 碳膜 | 1 | 普通 | 普通 | 对主称、材料特征相同，仅尺寸、性能指标略有差别，但基本上不影响互换的产品给予同一序号，如尺寸、性能指标的差别已明显影响互换时，则在序号后面用大写字母作为区别代号予以区别 |
| | | R | 合成膜 | 2 | 普通 | 普通 | |
| | | S | 有机实心 | 3 | 超高频 | | |
| | | N | 无机实心 | 4 | 高阻 | | |
| | | J | 金属膜 | 5 | 高温 | | |
| | | Y | 氧化膜 | | | | |
| | | C | 沉积膜 | 7 | 精密 | 精密 | |
| | | I | 玻璃釉膜 | 8 | 高压 | | |
| | | P | 硼碳膜 | 9 | 特殊 | 特殊 | |
| | | U | 硅碳膜 | G | 高功率 | | |
| | | X | 线绕 | T | 可调 | | |
| | | M | 压敏 | W | | 微调 | |
| | | G | 光敏 | D | | 多圈 | |
| | | R | 热敏 | B | 温度补偿用 | | |
| | | | | C | 温度测量用 | | |
| | | | | P | 旁热式 | | |
| | | | | W | 稳压式 | | |
| | | | | Z | 正温度系数 | | |

电阻器的符号及含义对照

| 第一部分：主称 | | 第二部分：材料 | | 第三部分：包装及引线 | | 第四部分：类型 | | 第五部分：功率（W） | | 第六部分：标称阻值 | 第七部分：阻值允许偏差（%） |
|---|---|---|---|---|---|---|---|---|---|---|---|
| 符号 | 意义 | 符号 | 意义 | 数字 | 意义 | 符号 | 意义 | 符号 | 意义 | | |
| R | 电阻器 | D | 碳膜 | 05 | 非金属套，引线方向相反，与轴平行 | Y | 一般型（适用RD、RS、RK） | 2B | 0.125 | ①阻值＜10Ω时，用数字和字母R表示，第一位数表示阻值的个位数，R表示小数点，R右面的数表示阻值的小数值 ②阻值≥10Ω时，用1个三位数表示阻值，其中第一、二位数是有效数字，第三位数是被乘数的10次幂 | |
| | | C | 碳质 | | | GF | 一般（适用RW） | 2E | 0.25 | | |
| | | S | 金属氧化膜 | 08 | 无包装，引线方向相同，与轴垂直 | J | 一般（适用RW） | 2H | 0.5 | | |
| | | W | 线绕 | | | S | 绝缘型 | 3A | 1 | | |
| | | K | 金属化 | 13 | 无包装，引线方向相同，与轴垂直 | H | 高频型 | 3D | 2 | | |
| | | B | 精密线绕 | | | P | 耐脉冲型 | | | | |
| | | N | 金属膜 | 14 | 非金属外包装，引线方向相同，与轴平行 | N | 耐温型 | | | | |
| | | | | 16 | 非金属外包装，引线方向相同，与轴平行 | | | | | | |
| | | | | 21 | 非金属套，片状引出方向相同，与轴平行 | | | | | | |
| | | | | 24 | 无包装，片状引出方向相同，与轴垂直 | | | | | | |
| | | | | 26 | 非金属外包装，片状引出方向相同，与轴垂直 | | | | | | |

## 5.1.2 可变电阻器

可变电阻器是指其阻值在规定的范围内可任意调节的电阻器，它的作用是改变电路中电压、电流的大小。可变电阻器可以分为半可调电阻器和电位器两类。

---

半可调电阻

半可调电阻器又称微调电阻器，它是指电阻值虽然可以调节，但在使用时经常固定在某一阻值上的电阻器。这种电阻器一经装配，其阻值就固定在某一数值上。在电路中，如果需作偏电流的调整，只要微调阻值即可。

电位器

电位器是在一定范围内阻值连续可变的一种电阻器，通常是由电阻体与转动或滑动系统组成的，在家用电器和其他电子设备电路中，电位器常用作可调的无线电电子元件。电位器的作用是用来分压、分流和作为变阻器。在晶体管收音机、CD唱机、VCD机中，常用电位器阻值的变化来控制音量的大小，有的兼作开关使用。

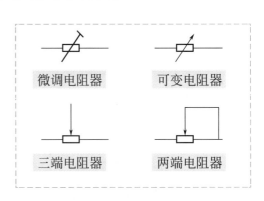

根据《电子设备用电位器型号命名方法》(ST/T 10503—94)，电位器产品型号一般由下列几部分组成。

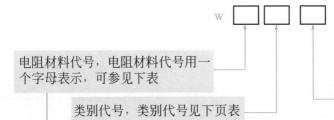

电阻材料代号，电阻材料代号用一个字母表示，可参见下表

类别代号，类别代号见下页表

序号，用阿拉伯数字表示

| 代号 | H | S | N | I | X | J | Y | D | F |
|------|------|------|------|------|------|------|------|------|------|
| 材料 | 合成碳膜 | 有机实心 | 无机实心 | 玻璃釉膜 | 线绕 | 金属膜 | 氧化膜 | 导电塑料 | 复合膜 |

快学巧学 电工基础

| 代号 | 类别 | 代号 | 类别 |
|------|------|------|------|
| G | 高压类 | D | 多圈旋转精密类 |
| H | 组合类 | M | 直滑式精密类 |
| B | 片式类 | X | 旋转低功率类 |
| W | 螺杆驱动预调类 | Z | 直滑式低功率类 |
| Y | 旋转预调类 | P | 旋转功率类 |
| J | 单圈旋转精密类 | T | 特殊类 |

## 5.1.3 敏感电阻器

敏感电阻器是指其阻值对某些物理量（如温度、压力、光源等）表现敏感的电阻器。如压敏电阻、热敏电阻、光敏电阻等。

 **热敏电阻**

热敏电阻器是由对温度极为敏感、热惰性很小的半导体材料制成的非线性电阻器。常见的有正温度系数（PTC）、负温度系数（NTC）和临界温度系数三大类热敏电阻器。

标准热敏电阻符号　　　　旧热敏电阻符号

热敏电阻器根据其结构、形状、灵敏度、受热方式及温度特性的不同可以分为多种类型。

**1 按结构及形状分类** ➡ 热敏电阻器按其结构及形状可分为圆片形（片状）热敏电阻器、圆柱形（柱形）热敏电阻器、圆圈形（垫圈状）热敏电阻器等多种。

**2 按温度变化的灵敏度分类** ➡ 热敏电阻器按其温度变化的灵敏度可分为高灵敏度型（突变型）热敏电阻器和低灵敏度型（缓变型）热敏电阻器。

**3 按受热方式分类** ➡ 热敏电阻器按其受热方式可分为直热式热敏电阻器和旁热式热敏电阻器。

**4 按温度变化特性分类** ➡ 热敏电阻器按其温度（温度变化）特性可分为正温度系数（PTC）热敏电阻器和负温度系数（NTC）热敏电阻器。

 **光敏电阻**

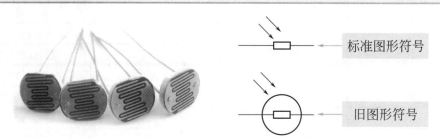

标准图形符号

旧图形符号

光敏电阻器可以根据制作材料和光谱特性来分类。

  光敏电阻器按其制作材料的不同可分为多晶光敏电阻器和单晶光敏电阻器，还可分为硫化镉光敏电阻器、硒化镉光敏电阻器、硒化铅光敏电阻器、锑化铟光敏电阻器等多种。

  光敏电阻器按其光谱特性可分为可见光光敏电阻器、紫外光光敏电阻器和红外光光敏电阻器。

可见光光敏电阻器主要应用于各种光电自动控制系统、电子照相机和光报警器等电子产品中；紫外光光敏电阻器主要应用于紫外线探测仪器；红外光光敏电阻器主要应用于天文、军事等领域的有关自动控制系统中。

 **磁敏电阻**

磁敏电阻器也称磁控电阻器，是一种对磁场敏感的半导体元件，它可以将磁感应信号转变为电信号。磁敏电阻器在电路中用字母"RM"或"R"表示。

标准图形符号

**湿敏电阻器**

湿敏电阻器是一种对环境温度敏感的元件，它的电阻值能随着环境的相对湿度变化而变化。湿敏电阻器在电路中的文字符号用字母"R"或"RS"表示。

标准图形符号

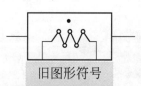

旧图形符号

压敏电阻器简称VSR，是一种对电压敏感的非线性过电压保护半导体元件。压敏电阻器在电路中用文字符号"RV"或"R"表示。

标准图形符号

## 5.1.4 电阻器的检测

电阻器的检测，我们在万用表一章中已有讲述，接下来，来说一下在测量时最容易犯的错误。

当被测电阻的阻值较大时，不能用手同时接触被测电阻两个引脚，如下所示，否则人体的电阻会与被测电阻器并联影响测量的结果，尤其是测几百千欧的大阻值电阻，最好手不要接触电阻体的任何部分。对于几欧的小电阻，应注意使表笔与电阻引出线接触良好，必要时可将电阻两引线上的氧化物刮掉再进行检测。

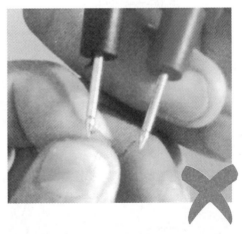

值得注意的是，在测量几十千欧以上阻值的电阻器时，不可用手同时接触电阻器的两端引线，以免接入人体电阻带来测量误差。

第5章 电子元器件识别检测

# 5.2 电感器

## 5.2.1 电感器的外形

电感器是储存磁能的元件,通常简称电感,是常用的基本电子元件之一。电感的应用范围很广泛,它在调谐、振荡、耦合、匹配、滤波、陷波、延迟、补偿及偏转等电路中,都是必不可少的。由于用途、工作频率、功率、工作环境不同,对电感的基本参数和结构形式就有不同的要求,从而导致电感的类型和结构的多样化。

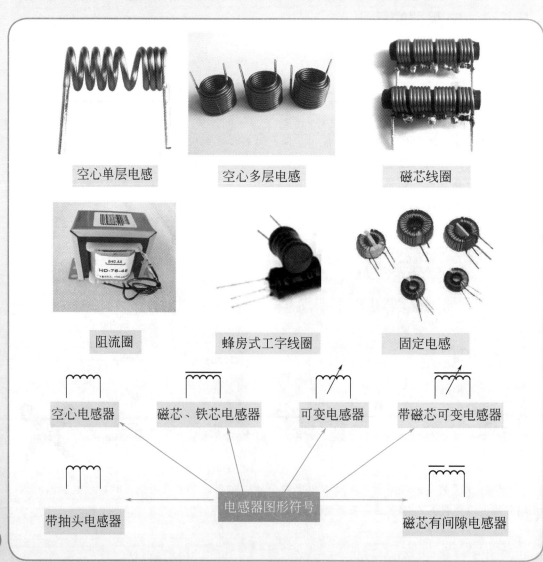

空心单层电感    空心多层电感    磁芯线圈

阻流圈    蜂房式工字线圈    固定电感

空心电感器    磁芯、铁芯电感器    可变电感器    带磁芯可变电感器

电感器图形符号

带抽头电感器    磁芯有间隙电感器

快学巧学 电工基础

电感器的型号一般由4部分组成：

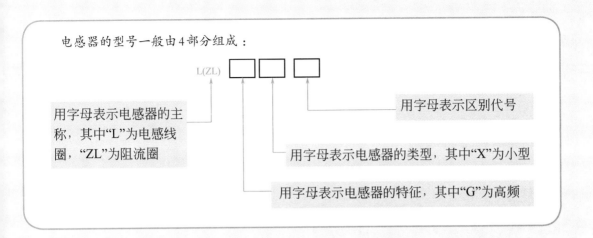

L(ZL)

用字母表示电感器的主称，其中"L"为电感线圈，"ZL"为阻流圈

用字母表示电感器的特征，其中"G"为高频

用字母表示电感器的类型，其中"X"为小型

用字母表示区别代号

## 5.2.2 电感器的种类

电感器种类繁多，形状各异，通常可分为固定电感器、可变电感器、微调电感器三大类。

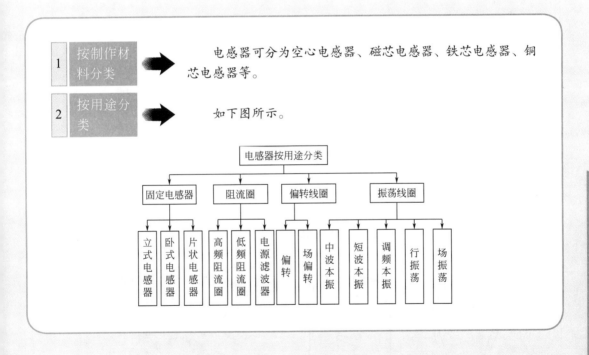

1 按制作材料分类 ➡ 电感器可分为空心电感器、磁芯电感器、铁芯电感器、铜芯电感器等。

2 按用途分类 ➡ 如下图所示。

电感器按用途分类
├─ 固定电感器
│  ├─ 立式电感器
│  ├─ 卧式电感器
│  └─ 片状电感器
├─ 阻流圈
│  ├─ 高频阻流圈
│  ├─ 低频阻流圈
│  └─ 电源滤波器
├─ 偏转线圈
│  ├─ 偏转
│  └─ 场偏转
└─ 振荡线圈
   ├─ 中波本振
   ├─ 短波本振
   ├─ 调频本振
   ├─ 行振荡
   └─ 场振荡

>> 特别提醒

固定电感器是一种通用性强的系列化产品，线圈（往往含有磁芯）被密封在外壳内，具有体积小、重量轻、结构牢固、电感量稳定和使用安装方便的特点。

### 5.2.3 电感器的检测

将万用表置于"R×1"挡,两表笔(不分正、负)与电感器的两引脚相接,表针指示应接近"0"Ω。

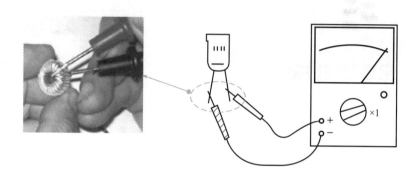

如果表针不动,说明该电感器内部断路;如果表针指示不稳定,说明电感器内部接触不良。

检测电感器内部短路

对于电感量较大的电感器,由于其线圈圈数相对较多,直流电阻相对较大,万用表指示应有一定的阻值。

有一定的阻值

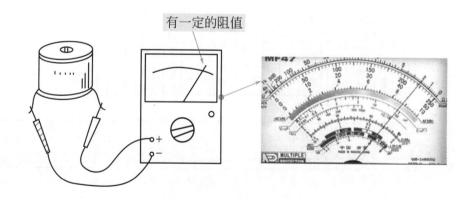

如果表针指示为"0"Ω,说明该电感器内部短路。

快学巧学 电工基础

# 5.3 电容器

## 5.3.1 电容器的外形

电容器简称电容，顾名思义，电容器就是"储存电荷的容器"，故电容器具有储存一定电荷的能力。

尽管电容器品种繁多，但它们的基本结构和原理是相同的。两片相距很近的金属被绝缘物质（固体、气体或液体）隔开，就构成了电容器。两片金属称为极板，中间的绝缘物质叫做介质。电容器只能通过交流电而不能通过直流电，即"隔直通交"，因此常用于振荡电路、调谐电路、滤波电路、旁路电路和耦合电路中。

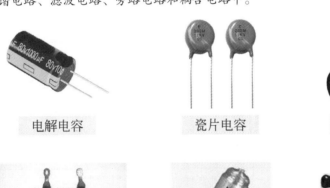

电解电容　　　　　瓷片电容　　　　　薄膜电容

金属化纸介质电容　　聚苯乙烯电容(又称PP电容)

云母电容

电容器的文字符号为"C"，其图形符号如下所示。

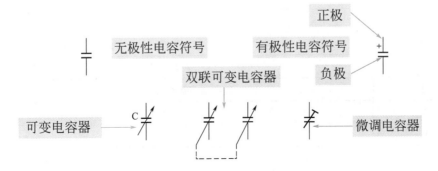

无极性电容符号　　有极性电容符号　　正极　　负极

双联可变电容器

可变电容器　　微调电容器

C □ □ □

用数字表示序号

用数字或字母表示电容器的类别，其类别代号的意义见电容器类别代号含义对照表

电容器的主称

用字母表示电容器的介质材料，介质材料字母代号的意义见电容器介质材料代号含义对照表

### 电容器类别代号含义对照表

| 字母代号 | 介质材料 | 字母代号 | 介质材料 |
|---|---|---|---|
| A | 钽电解 | L | 聚酯 |
| B | 聚苯乙烯 | N | 铌电解 |
| C | 高频陶瓷 | O | 玻璃膜 |
| D | 铝电解 | Q | 漆膜 |
| E | 其他材料电解 | T | 低频陶瓷 |
| G | 合金电解 | V | 云母纸 |
| H | 纸膜复合 | Y | 云母 |
| I | 玻璃釉 | Z | 纸介 |
| J | 金属化纸介 | | |

### 电容器介质材料代号含义对照表

| 代号 | 瓷介电容 | 云母电容 | 有机电容 | 电解电容 |
|---|---|---|---|---|
| 1 | 圆形 | 非密封 | 非密封 | 箔式 |
| 2 | 管形 | 非密封 | 非密封 | 箔式 |
| 3 | 叠片 | 密封 | 密封 | 非固体 |
| 4 | 独石 | 密封 | 密封 | 固体 |
| 5 | 穿心 | | 穿心 | |
| 6 | 支柱等 | | | |
| 7 | | | | 无极性 |
| 8 | 高压 | 高压 | 高压 | |
| 9 | | | 特殊 | 特殊 |
| G | 高功率型 | | | |
| J | 金属化型 | | | |
| Y | 高压型 | | | |
| W | 微调型 | | | |

## 5.3.2 电容器的种类

按电容量是否可调，电容器分为固定电容器和可变电容器两大类。

 **固定电容**

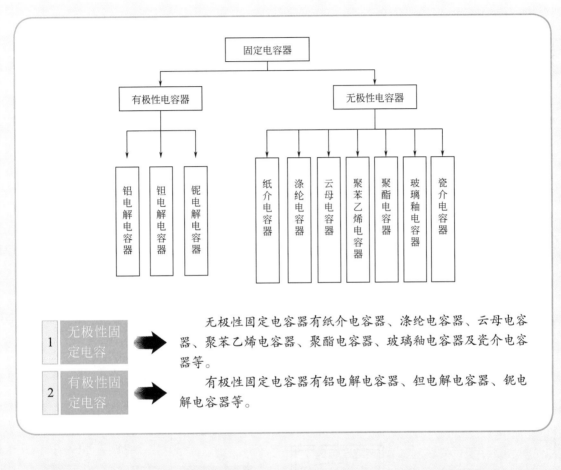

1 | 无极性固定电容 ➡ 无极性固定电容器有纸介电容器、涤纶电容器、云母电容器、聚苯乙烯电容器、聚酯电容器、玻璃釉电容器及瓷介电容器等。

2 | 有极性固定电容 ➡ 有极性固定电容器有铝电解电容器、钽电解电容器、铌电解电容器等。

 **可变电容**

广义的可变电容器通常包括可变电容器和微调电容器（半可变电容器）两大类。

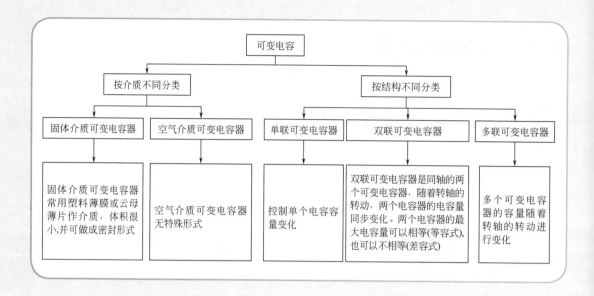

### 5.3.3 电容器的检测

电容器的选用及检测仍以电容器容量是否可调分类，如下所述。

 **固定电容器的检测**

根据电容器容量的大小，将万用表上的挡位旋钮转到适当的"Ω"挡位。例如，100mF以上的电容器用"R×100"挡；1～100mF电容器用"R×1k"挡；1mF以下的电容器用"R×10k"挡

测量时表针先向右偏转，再缓慢由右向左回归

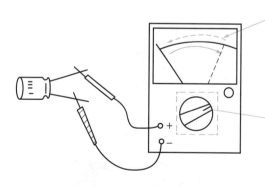

　　用万用表的两表笔（不分正、负）分别与电容器的两引线相接，在刚接触的一瞬间，表针应向右偏转，然后缓慢向左回归。对调两表笔后再测，表针应重复以上过程。电容器容量越大，表针右偏就越大，向左回归也越慢。

如果万用表表针不动，说明该电容器已断路损坏，如下所示。

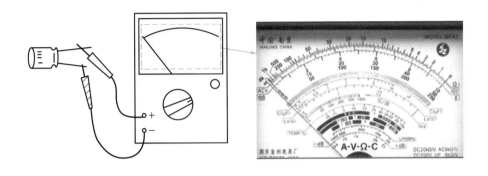

如果表针向右偏转后不向左回归，说明该电容器已短路损坏。

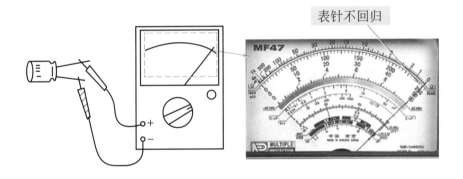

表针不回归

如果表针向右偏转然后向左回归稳定后，阻值指示小于500kΩ，说明该电容器绝缘电阻太小，漏电流较大，不宜使用。

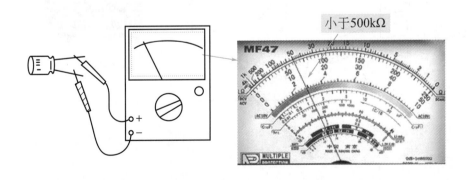

小于500kΩ

对于正负极标志模糊不清的电解电容器，可用测量其正、反向绝缘电阻的方法，判断出其引脚的正、负极。具体方法是：用万用表"R×1k"挡测出电解电容器的绝缘电阻，再将红、黑表笔对调后测出第二个绝缘电阻。

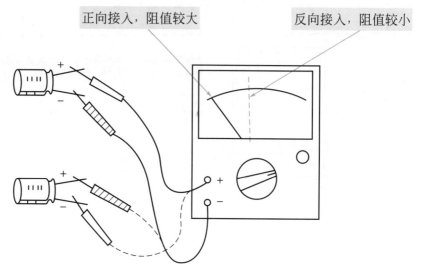

正向接入，阻值较大

反向接入，阻值较小

两次测量中，绝缘电阻较大的那一次，黑表笔（与万用表中电池正极相连）所接的为电解电容器的正极，红表笔（与万用表中电池负极相连）所接的为电解电容器的负极。

 **可变电容器的检测**

可变电容器可用万用表的电阻挡进行检测，主要检测其是否有短路现象。将万用表两表笔（不分正、负）分别与可变电容器的两端引线可靠相接，然后来回旋转可变电容器的旋柄，万用表指针均应不动，如下图所示。

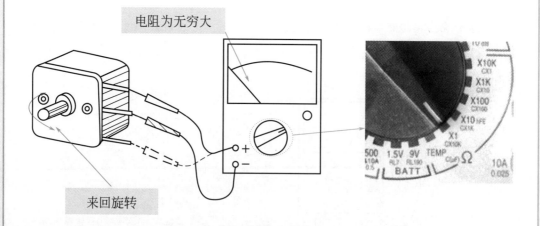

电阻为无穷大

来回旋转

如旋转到某处指针摆动，说明可变电容器有短路现象，不能使用。对于双联可变电容器，应对每一联分别进行检测。

# 5.4 二极管

## 5.4.1　二极管的分类及图形符号

　　晶体二极管也叫半导体二极管，是半导体器件中最基本的一种器件。几乎在所有的电子电路中，都要用到晶体二极管，它在许多电路中起着重要的作用，是诞生最早的半导体器件之一。

　　晶体二极管的特点是具有单向导电特性，一般情况下只允许电流从正极流向负极，而不允许电流从负极流向正极，下图很形象地说明了这一点。

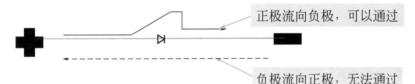

正极流向负极，可以通过

负极流向正极，无法通过

国产晶体二极管的型号由5部分组成：

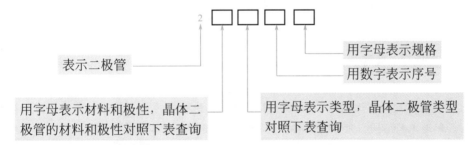

用字母表示规格

用数字表示序号

表示二极管

用字母表示类型，晶体二极管类型对照下表查询

用字母表示材料和极性，晶体二极管的材料和极性对照下表查询

晶体二极管型号意义对照表 - - - - - - - - - - - - - - - - - - - - - - - - - - - - - - - - - - -

| 第一部分 | 第二部分 | 第三部分 | 第四部分 | 第五部分 |
|---|---|---|---|---|
| 2 | A：N型锗材料 | P：普通管 | 序号 | 规格（可缺） |
| | B：P型锗材料 | Z：整流管 | | |
| | C：N型硅材料 | K：开关管 | | |
| | D：P型硅材料 | W：稳压管 | | |
| | E：化合物 | L：整流堆 | | |
| | | C：变容管 | | |
| | | S：隧道管 | | |
| | | V：微波管 | | |
| | | N：阻尼管 | | |
| | | U：光电管 | | |

根据以上的学习，我们可以知道：

2AP9为N型锗材料普通二极管；2CZ55A为N型硅材料整流二极管；

2CK71B为N型硅材料开关二极管。

另外，晶体二极管的正负极如下图所示。

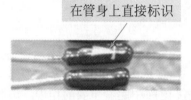

在管身上直接标识

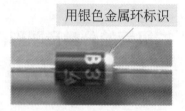

用银色金属环标识

晶体二极管的分类

晶体二极管的种类很多，形状大小各异，仅从外观上看，较常见的有玻璃壳二极管、塑封二极管、金属壳二极管、大功率螺栓状金属壳二极管、微型二极管、片状二极管等。

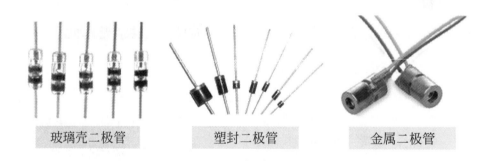

玻璃壳二极管　　　　　塑封二极管　　　　　金属二极管

晶体二极管按其制造材料的不同，可分为锗管和硅管两大类，每一类又分为N型和P型；按其制造工艺不同，可分为点接触型二极管和面接触型二极管。

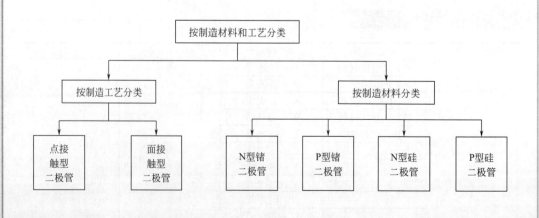

晶体二极管按功能与用途不同，可分为一般二极管和特殊二极管两大类。

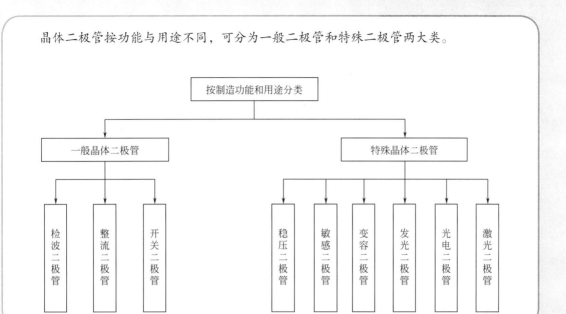

## 5.4.2  普通二极管

晶体二极管的文字符号是"VD"，图
形符号如右图所示。

判别引脚 ----------------------------------------------------------

万用表置于"R×1k"挡，两表笔分别接到二极管的两端，测量两端间的电阻。

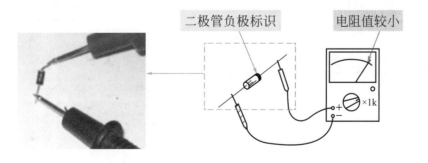

如果测得二极管的电阻值较小，则为二极管的正向电阻。这时与黑表笔（即表内电池
正极）相连接的是二极管正极，与红表笔（即表内电池负极）相连接的是二极管负极。

如果测得的电阻值很大，则为二极管的反向电阻。这时与黑表笔相连接的是二极管负
极，与红表笔相连接的是二极管正极。

正常的晶体二极管，其正、反向电阻的阻值应该相差很大，且反向电阻接近于无穷大。如果某二极管正、反向电阻值均为无穷大，说明该二极管内部断路损坏；如果正、反向电阻值均为0，说明该二极管已被击穿短路；如果正、反向电阻值相差不大，说明该二极管质量太差，不宜使用。

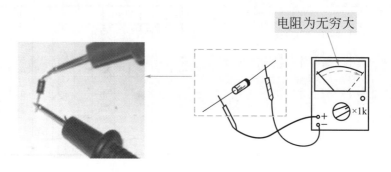

电阻为无穷大

由于锗二极管和硅二极管的正向管压降不同，因此可以用测量二极管正向电阻的方法来区分。如果正向电阻小于1kΩ，则为锗二极管。

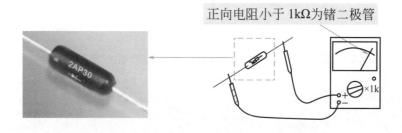

正向电阻小于 1kΩ为锗二极管

如果正向电阻为 1～5kΩ，则为硅二极管。

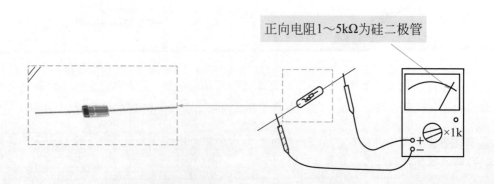

正向电阻1～5kΩ为硅二极管

快学巧学 电工基础

## 5.4.3　光电二极管

发光二极管英文缩写为LED，是一种具有一个PN结的半导体电致发光器件。

发光二极管的文字符号与普通二极管的文字符号相同。

金属发光二极管

塑封发光二极管

发光二极管灯带

　　用万用表检测发光二极管时，必须使用"R×10k"挡。因为发光二极管的管压降为2V左右，而万用表"R×1k"及其以下各电阻挡表内电池仅为1.5V，低于管压降，无论正、反向接入，发光二极管都不可能导通，也就无法检测。"R×10k"挡时表内接有15V（有些万用表为9V）电池，高于管压降，所以，可以用来检测发光二极管。

#### 检测一般发光二极管

　　万用表黑表笔（表内电池正极）接发光二极管正极，红表笔（表内电池负极）接发光二极管负极，这时发光二极管为正向接入，表针应偏转过半，同时发光二极管中有一发光亮点。

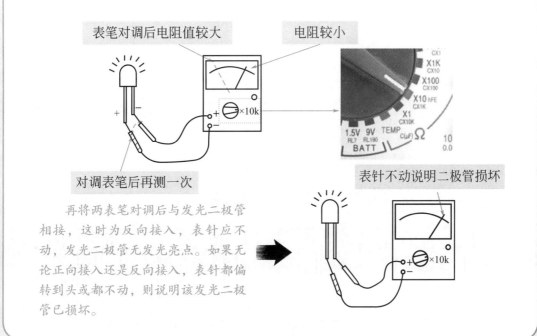

表笔对调后电阻值较大　　　　　电阻较小

对调表笔后再测一次

表针不动说明二极管损坏

　　再将两表笔对调后与发光二极管相接，这时为反向接入，表针应不动，发光二极管无发光亮点。如果无论正向接入还是反向接入，表针都偏转到头或都不动，则说明该发光二极管已损坏。

# 5.5 三极管

## 5.5.1 三极管的外形及图形符号

晶体三极管（也称为半导体三极管或三极管）是一种具有两个PN结的半导体器件，它的文字符号为"VT"，图形符号如下所示。晶体三极管在电子技术中扮演着重要的角色，利用它可以放大微弱的电信号；可以作为无触点开关元件；可以产生各种频率的电振荡；可以代替可变电阻；晶体三极管还是集成电路中的核心元件。

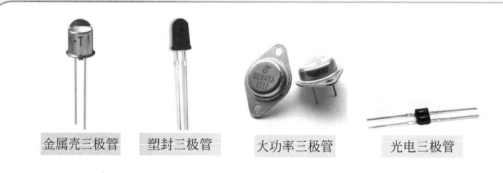

金属壳三极管　　塑封三极管　　大功率三极管　　光电三极管

晶体三极管的种类繁多，可以按材料分类，可以按导电极性分类，还可以按截止频率等分类。

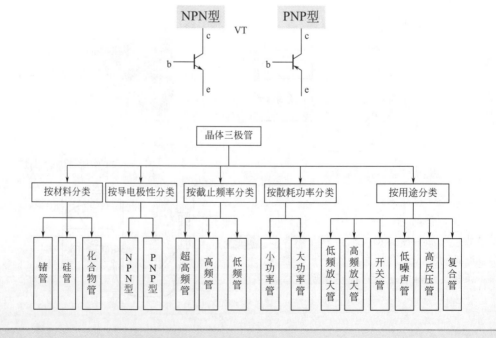

## 5.5.2　三极管型号的命名方法

国产晶体三极管的型号由5部分组成，如下图所示，晶体三极管型号的意义如下表所示。

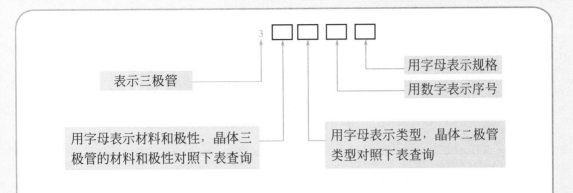

晶体三极管的型号意义对照

| 第一部分 | 第二部分 | 第三部分 | 第四部分 | 第五部分 |
|---|---|---|---|---|
| 3 | A：PNP型锗材料 | X：低频小功率管 | 序号 | 规格（可缺） |
| | B：NPN型锗材料 | G：高频小功率管 | | |
| | C：PNP型硅材料 | D：低频大功率管 | | |
| | D：NPN型硅材料 | A：高频大功率管 | | |
| | E：化合物材料 | K：开关管 | | |
| | | T：闸流管 | | |
| | | J：结型场效应管 | | |
| | | O：MOS场效应管 | | |
| | | U：光电管 | | |

例如，3AX31为PNP型锗材料低频小功率晶体三极管，3DG6B为NPN型硅材料高频小功率晶体三极管。

## 5.5.3　三极管的检测

 引脚识别与检测

先用黑表笔接某一引脚，红表笔分别接另外两引脚，测得两个电阻值。再将黑表笔换接另一引脚，重复以上步骤，直至测得两个电阻值都很小，这时黑表笔所接的是基极b。改用红表笔接基极b，黑表笔分别接另外两引脚，测得两个电阻值都应很大，说明被测三极管基本上是好的。

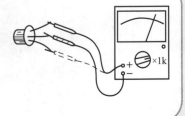

先用红表笔接某一引脚，黑表笔分别接另外两引脚，测得两个电阻值。再将红表笔换接另一引脚，重复以上步骤，直至测得两个电阻值都很小，这时红表笔所接的是基极b。改用黑表笔接基极b，红表笔分别接另外两引脚，测得两个电阻值都应很大，说明被测三极管基本上是好的。

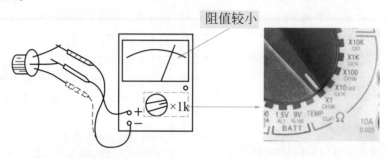

阻值较小

 **测量晶体三极管的放大倍数**

基极b确定以后，即可识别集电极c和发射极e，并测量三极管的电流放大系数$\beta$。

**用MF47等具有"$\beta$"或"$h_{FE}$"挡的万用表测量**

万用表置于"$h_{FE}$"挡，将三极管插入测量插座（基极插入b孔，另两引脚随意插入），记下$\beta$读数。再将另两引脚对调后插入，也记下$\beta$读数。两次测量中，$\beta$读数大的那一次引脚插入是正确的。测量时需注意NPN管和PNP管应插入各自相应的插座。

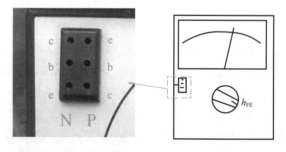

**用万用表电阻挡测量（以NPN管为例）**

万用表置于"$R \times 1k$"挡，红表笔接基极以外的一个引脚，左手拇指与中指将黑表笔与基极捏在一起，同时用左手食指触摸余下的引脚，表针应向右摆动。

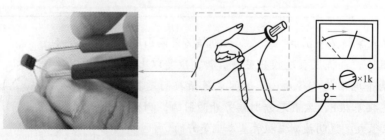

# 5.6 其他常用元器件

## 5.6.1 场效应管

场效应晶体管通常简称场效应管，是一种利用电场效应来控制电流的管子，由于参与导电的只有一种极性的载流子，所以，场效应管也称为单极性三极管。

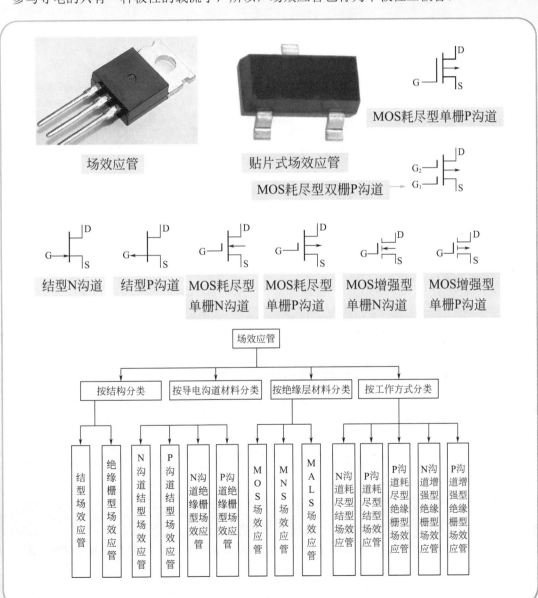

场效应管

贴片式场效应管

MOS耗尽型单栅P沟道

MOS耗尽型双栅P沟道

结型N沟道　结型P沟道　MOS耗尽型单栅N沟道　MOS耗尽型单栅P沟道　MOS增强型单栅N沟道　MOS增强型单栅P沟道

场效应管

按结构分类　按导电沟道材料分类　按绝缘层材料分类　按工作方式分类

结型场效应管｜绝缘栅型场效应管｜N沟道结型场效应管｜P沟道结型场效应管｜N沟道绝缘栅型场效应管｜P沟道绝缘栅型场效应管｜MOS场效应管｜MNS场效应管｜MALS场效应管｜N沟道耗尽型结型场效应管｜P沟道耗尽型结型场效应管｜P沟道耗尽型绝缘栅型场效应管｜N沟道增强型绝缘栅型场效应管｜P沟道增强型绝缘栅型场效应管

145

## 5.6.2 晶闸管

晶闸管是晶体闸流管的简称，是一种"以小控大"的电流型器件，它像闸门一样，能够控制大电流的流通，以此得名。

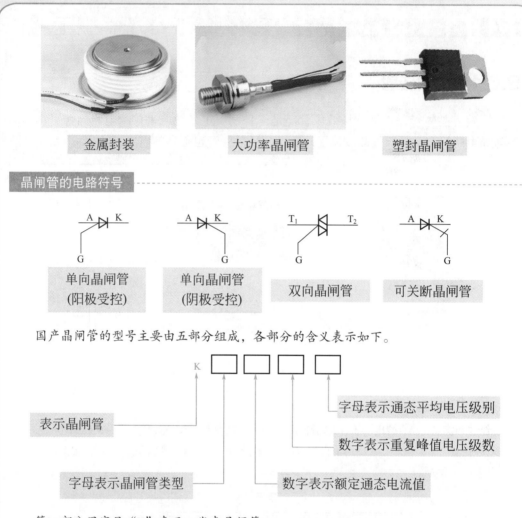

第一部分用字母"K"表示，代表晶闸管。

第二部分用字母表示类型。P：普通；K：快速；S：双向；G：可关断；N：逆导型。

第三部分用数字表示额定通态电流值，分为14个级别（单位为A）：1、5、10、20、30、50、100、200、300、400、500、600、900、1000。

第四部分用数字表示重复峰值电压级数：正、反向重复峰值电压在1000V以下每100V为一级，1000 ~ 3000V的每200V为一个级。

第五部分用字母表示通态平均电压级别，用A、B、C、D、E、F、G、H、I表示9个级别，由0.4 ~ 1.2V每隔0.1V作为一级（小于100A不标）。

例如KP300-10F型晶闸管是普通晶闸管，额定电流为300A，额定电压为1000V，通态平均电压降为0.9V。

## 5.6.3 光电耦合器

光电耦合器是一种以光为媒介传输信号的复合器件。通常是把发光器（可见光 LED 或红外线 LED）与受光器（光电半导体管）封装在同一管壳内。

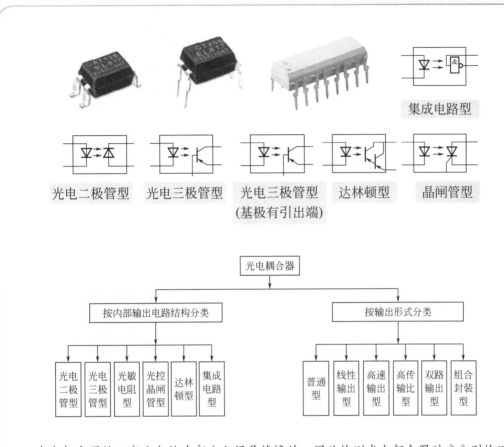

光电耦合器输入部分与输出部分之间是绝缘的，因此检测光电耦合器时应分别检测其输入和输出部分。

检测输入部分

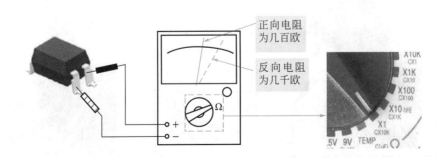

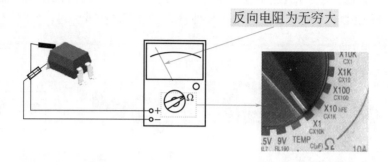

反向电阻为无穷大

检测光电耦合器的传输性能

将万用表置于"R×100"挡，黑表笔接输出部分光电三极管的集电极c，红表笔接发射极e，正、反向电阻均应为无穷大。

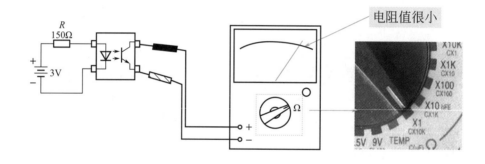

电阻值很小

检测绝缘电阻

将万用表置于"R×10k"挡，测量输入端与输出端之间任两个引脚间的电阻，均应为无穷大。

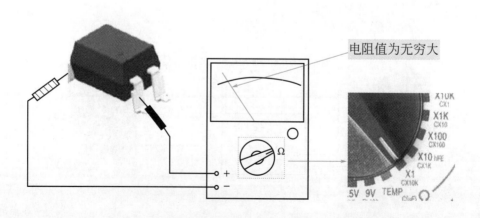

电阻值为无穷大

## 5.6.4 集成电路

集成电路的一般文字符号为"IC",数字集成电路的文字符号为"D"。集成电路出现在20世纪60年代,当时只集成了十几个元器件,后来集成度越来越高,甚至出现了超大规模集成电路(内含上百万个元件)。

集成电路种类繁多,分类方法也有很多种。

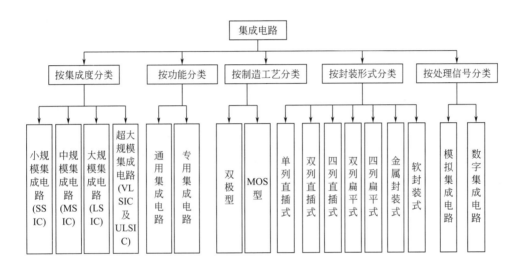

集成电路的封装形式有很多种,主要的有单列直插式、双列直插式、双列扁平式、四列直插式、四列扁平式、金属封装式和软封装式等。

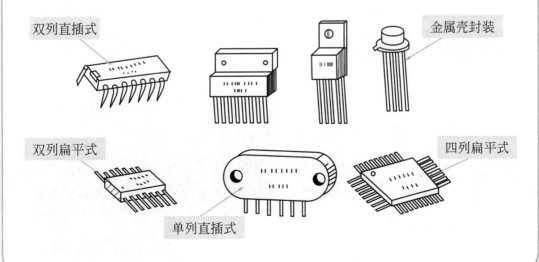

## 国标规定的集成电路型号命名方法

C □□□□

表示集成电路

用字母或字母组合表示电路类型

字母表示封装形式

字母表示温度范围

用数字和字符表示器件的系列和品种代号

| 第一部分 | 第二部分 | | 第三部分 | 第四部分 | | 第五部分 | |
|---|---|---|---|---|---|---|---|
| 字头符号 | 电路类型 | | 用数字和字符表示器件的系列和品种代号 | 用字母表示温度范围 | | 用字母表示封装形式 | |
| 符号 | 意义 | | | 符号 | 意义 | 符号 | 意义 |
| C | 符合国家标准 | T | TTL 电路 | TTL 分为： | C | 0 ～ 70℃ | F | 多层陶瓷扁平 |
| | | H | HTL 电路 | 54/74×× | G | −25 ～ 70℃ | B | 塑料扁平 |
| | | E | ECL 电路 | 54/74H××× | L | −25 ～ 85℃ | H | 黑陶瓷扁平 |
| | | C | CMOS 电路 | 54/74L××× | E | −40 ～ 85℃ | D | 多层陶瓷双列直插 |
| | | M | 存储器 | 54/74LS××× | R | −55 ～ 85℃ | J | 黑陶瓷双列直插 |
| | | μ | 微型机电路 | 54/74AS××× | M | −55 ～ 125℃ | P | 塑料双列直插 |
| | | F | 线性放大器 | 54/74ALS××× | | | S | 塑料单列直插 |
| | | W | 稳压器 | 54/74F××× | | | K | 金属菱形 |
| | | B | 非线性电路 | | | | T | 金属圆形 |
| | | J | 接口电路 | | | | C | 陶瓷芯片载体 |
| | | AD | A/D 电路 | CMOS 分为： | | | E | 塑料芯片载体 |
| | | DA | D/A 电路 | 400 系列 | | | G | 网络阵列 |
| | | D | 音响、电视电路 | 54/74HC××× | | | | |
| | | SC | 通信专用电路 | 54/74HCT××× | | | | |
| | | SS | 敏感电路 | | | | | |
| | | SW | 钟表电路 | | | | | |

## 集成电路的检测

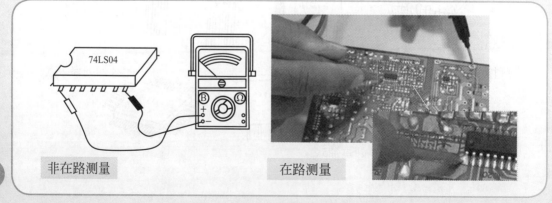

非在路测量　　　　　　　　在路测量

快学巧学 电工基础

第**6**章

# 变压器 ◀◀◀

# 6.1 变压器的基础知识

## 6.1.1 变压器的组成及工作原理

变压器是一种常见的电气设备，具有变电压、变电流、变阻抗、隔离、稳压的功能。在电力系统中，广泛使用变压器来得到各种所需的电压。在电子设备中，也普遍使用变压器提供仪器电源，进行阻抗匹配和信号耦合等。

大型变压器

干性变压器

油浸变压器

三相变压器

小型变压器

变压器电路符号

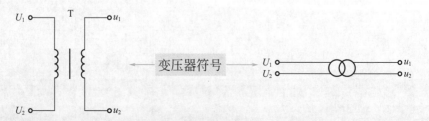

变压器符号

变压器的组成

变压器主要由铁芯和线圈（也叫绕组）两部分组成。铁芯是变压器的磁路通道。为了减小涡流损耗，同时又要尽可能地减少磁滞损耗，变压器铁芯采用磁导率较高的而又相互绝缘的硅钢片叠装而成。每一钢片的厚度，在频率为50Hz的变压器中为0.35～0.5mm。通信用的变压器近来也常用铁氧体或其他磁性材料作铁芯。

芯式　　　　　　　　　　　　　　　壳式

铁芯

绕组

变压器按铁芯的结构形式，可分为芯式和壳式两种。芯式的绕组套在铁芯柱上。

芯式　　　　　　　　　　　　　　　壳式

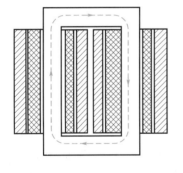　　　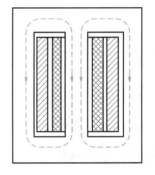

你知道吗？

变压器的绕组通常用具有良好绝缘的优质漆包线在线圈框架上绕成，大型变压器也有使用纱包线和丝包线的。在工作时，和电源相连的线圈叫做原线圈（初级绕组）；而与负载相连的线圈叫做副线圈（次级绕组）。每个绕组都有几百匝到几千匝，在绕组的框架上往往需要绕很多层。一般电源变压器都是直接接市电使用的，有些特殊变压器（如电视机的输出变压器）工作在上万伏的电压下，因此，绝缘问题是变压器制造中的主要问题。所以变压器绕组和铁芯之间，绕组和绕组之间以及每一绕组匝间和层间都要绝缘良好，绝缘材料既薄又要耐高压，同时力学性能又要好。为了进一步提高变压器的绝缘性能，在装配后往往还要进行去潮处理（烘烤、灌蜡、浸漆、密封等）。

除此以外，为了起到电磁屏蔽作用，变压器往往要用铁壳或铝壳罩起来，原、副绕组间往往加一层金属静电屏蔽层，大功率的变压器中还有专门设置的冷却设备等。

第6章 变压器

153

变压器是一种静止的装置，它是依靠磁耦合的作用，将一种等级的电压与电流转换成另一种等级的电压与电流，起着传递电能的作用。由于变压器具有多种功能，因此在电力工程和电子工程中都得到了广泛的应用。

在电力供电系统以外所使用的变压器，大多是单相小容量变压器，但变压器无论大小，无论何种类型，其工作原理都是一样的。下面以单相双绕组变压器为例分析其工作原理。

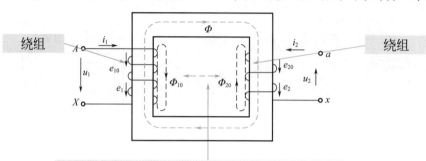

两个绕组之间只有磁的耦合，而没有电的联系

当原边线圈加上交流电压$u_1$后，在铁芯中产生交变磁场，由于铁芯的磁耦合作用，副边线圈中会产生感应电压$u_2$，在负载中就有电流$i_2$通过，实现了一二次侧的能量传递。

**按相数分类**

**1** 单相变压器 ➡ 用于单相负荷和三相变压器组。

**2** 三相变压器 ➡ 用于三相系统的升、降电压。

**按冷却方式分类**

**1** 干式变压器 ➡ 依靠空气对流进行冷却，一般用于局部照明、电子线路等小容量变压器。

**2** 油浸式变压器 ➡ 依靠油作冷却介质，如油浸自冷、油浸风冷、油浸水冷、强迫油循环等。

**按绕组形式分类**

**1** 双绕组变压器 ➡ 用于连接电力系统中的两个电压等级。

**2** 三绕组变压器 ➡ 一般用于电力系统区域变电站中，连接三个电压等级。

**3** 自耦变电器 ➡ 用于连接不同电压的电力系统。也可作为普通的升压或降压变压器用。

| 1 | 电力变压器 | ➡ | 用于输配电系统的升、降电压。 |
| 2 | 仪用变压器 | ➡ | 如电压互感器、电流互感器、用于测量仪表和继电保护装置。 |
| 3 | 试验变压器 | ➡ | 能产生高压,对电气设备进行高压试验。 |
| 4 | 特种变压器 | ➡ | 如电炉变压器、整流变压器、调整变压器等。 |

按铁芯形式分类

| 1 | 芯式变压器 | ➡ | 用于高压的电力变压器。 |
| 2 | 非晶合金变压器 | ➡ | 非晶合金铁芯变压器用的是新型导磁材料,空载电流下降约80%,是目前节能效果较理想的配电变压器,特别适用于农村电网和发展中地区等负载率较低的地方。 |
| 3 | 壳式变压器 | ➡ | 用于大电流的特殊变压器,如电炉变压器、电焊变压器,或用于电子仪器及电视、收音机等的电源变压器。 |

# 6.1.2 变压器的绕组极性判别

在使用变压器或者其他磁耦合的互感线圈时要注意线圈的正确连接。

有一台单相变压器的原线圈有两个相同的绕组,如接到220V电源两绕组串联,2和4端连在一起,将1和3端接电源。

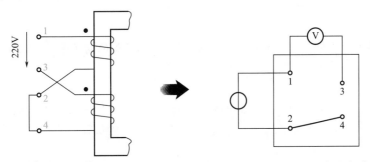

用交流法测定绕组同极性端的电路如上图右边所示。1—2和3—4是两个线圈的接线端,现把2和4端连接在一起,在其中一个绕组2和1端加一个比较低的便于测量的电压。用电压表测量 $U_{13}$ ,如果 $U_{13}$ 是两绕组电压 $U_{12}$ 和 $U_{34}$ 之差,则1和3是同极性端。如果 $U_{13}$ 是 $U_{12}$ 和 $U_{34}$ 之和,则1和4是同极性端。

有一台单相变压器的原线圈有两个相同的绕组,如接到220V电源两绕组串联;如接到110V电源上两绕组并联。

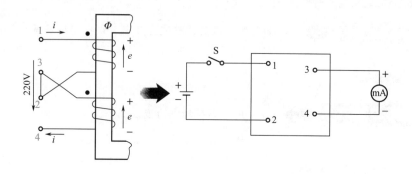

用直流法测定绕组极性电路如上图右边所示。在开关S闭合瞬间,如果毫安表的指针正向偏转,则1和3是同名端;若反向偏转,则1和4是同极性端。

## 6.1.3 变压器铭牌的识读

变压器的铭牌上面记载着变压器的型号、额定值等技术数据。今将电力变压器的铭牌内容简单说明如下。

表示变压器的结构特点、额定容量(kV·A)和高压侧的电压等级(kV)。例如

为三相油浸自冷式双绕组铝线变压器。

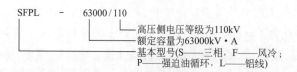

为三相油浸风冷强迫油循环双绕组铝线变压器。

| 项目 | 类别 | 代表符号 | | 项目 | 类别 | 代表符号 | |
| --- | --- | --- | --- | --- | --- | --- | --- |
| | | 新型号 | 旧型号 | | | 新型号 | 旧型号 |
| 相数 | 单相 | D | D | 循环方式 | 油自然循环 | 不标注 | 不标注 |
| | 三相 | S | S | | 强迫油循环 | P | P |
| 线圈外冷却介质 | 矿物油 | 不标注 | J | | 强迫油导向循环 | D | 不标注 |
| | 不燃性油 | B | 未规定 | | 导体内冷 | N | N |
| | 气体 | Q | 未规定 | 绕组数 | 双绕组 | 不标注 | 不标注 |
| | 空气 | K | G | | 三绕组 | S | S |
| | 成形固体 | C | 未规定 | | 自耦（双或三绕组） | O | O |
| 箱壳外冷却方式 | 空气自冷 | 不标注 | 不标注 | 调压方式 | 无励磁调压 | 不标注 | 不标注 |
| | 风冷 | F | F | | 有载调压 | Z | Z |
| | 水冷 | W | S | 导线材质 | 铝线 | 不标注① | L |

① 为最终实现用铝线生产变压器，新标准中规定铝线变压器型号中不再标注"L"字样。但在由铜线过渡到铝线的过程中，事实上，生产厂在铭牌上所示的型号中仍沿用以"L"代表铝线，以示与铜线区别。

**额定值**

| 1 | 额定容量 | ➡ | 额定容量是变压器输出的视在功率的保证值；三相变压器的额定容量是指三相容量的总和。单位以千伏安或伏安表示。 |
| 2 | 额定电压 $(U_{1e}/U_{2e})$ | ➡ | 初级额定电压$U_{1e}$是指加到原绕组上电源线电压额定值。次级额定电压$U_{2e}$是指初级所接的电压为额定电压时，次级两端的电压值，单位以伏或千伏表示。 |
| 3 | 额定电流 $(I_{1e}/I_{2e})$ | ➡ | 根据额定容量和额定电压计算出的额定电流，单位以安表示。 |

单相变压器

三相变压器

$$原边额定电流(I_{1e}) = \frac{额定容量}{原边额定电压}$$

$$副边额定电流(I_{2e}) = \frac{额定容量}{副边额定电压}$$

$$原边额定电流(线电流) = \frac{额定容量}{\sqrt{3} \times 原边额定电压}$$

$$副边额定电流(线电流) = \frac{额定容量}{\sqrt{3} \times 副边额定电压}$$

| 4 | 阻抗电压$U_k$ | ➡ | 阻抗电压也叫短路电压，是额定电流通过绕组时产生的阻抗电压。 |

| 5 | 温升限度 | ➡ | 包括绕组温升和油面温升，单位以℃表示。 |

| 6 | 额定频率 | ➡ | 我国标准工业频率规定为50Hz。 |

**>>例**

一台1000kV·A的三相电力变压器，Y/Y0-12接法，高压侧电压为6.3kV，低压侧为0.4kV，试计算高低压侧额定电流是多少？

$$I_{1e} = \frac{S_e}{\sqrt{3}U_{1e}} = \frac{1000}{\sqrt{3} \times 6.3} = 91.6A$$

$$I_{2e} = \frac{S_e}{\sqrt{3}U_{2e}} = \frac{1000}{\sqrt{3} \times 0.4} = 1443A$$

## 6.1.4 常用变压器的种类

变压器的用途很广，品种和规格多种多样，但基本工作原理相同，都是根据电磁感应原理制成的。除电力变压器外，特殊用途变压器在行业中习惯称为特种变压器。

| 分类法 | 类别 | 细分类别 |
|---|---|---|
| 按相数分 | 单相三相 | |
| 按调压方式分 | 无励磁调压有载调压 | |
| 按绕组数量分 | 双绕组<br>三绕组<br>单绕组（自耦） | 特殊整流变压器，其分离的绕组有多于三绕组的 |
| 按冷却方式分 | 油浸自冷<br>油浸风冷<br>油浸水冷<br>强迫油循环<br>干式自冷<br>干式风冷 | 扁管散热、片式散热、瓦楞油箱<br>附冷却风扇<br>附油水冷却器<br>有潜油泵<br>附风冷却器 |

# 6.2 三相变压器

## 6.2.1 三相变压器的结构

在现在的电力系统中，普遍用三相制供电，要改变三相电压可以用两种形式变压器。

一种是三台相同的单相变压器连接而成的"三相变压器"。

另一种是三铁芯柱式的"三相变压器"。每个铁芯柱上绕有同一相的初级线圈和次级线圈。

就每一相来说，其工作情况和单相变压器完全相同。属于同一相的初级线圈和次级线圈的极性可按单相变压器的规定，用符号"·"或"*"表示，以便识别。同时还要标明三个初级线圈和三个次级线圈的首、末端，它们的高低压绕组都可以按照需要接成Y接法和△接法。

三个初级线圈的首末端为 $U_1$—$U_2$、$V_1$—$V_2$、$W_1$—$W_2$

三个次级线圈的首末端为 $u_1$—$u_2$、$v_1$—$v_2$、$w_1$—$w_2$

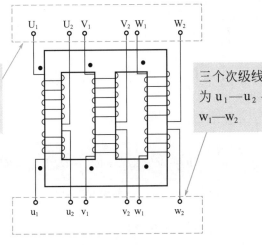

## 6.2.2　三相变压器的工作接线方法

### Y接法（星形接法）

| | | |
|---|---|---|
| 1 | 初级线圈的相电压 | 从任何一相引出的线$U_1$、$V_1$和$W_1$到中性线N之间的电压为相电压，用$1\dot{U}_1$、$1\dot{U}_2$、$1\dot{U}_3$表示。 |
| 2 | 初级线圈的线电压 | 两相的引出线之间的电压为线电压，用$1\dot{U}_{12}$、$1\dot{U}_{23}$、$1\dot{U}_{31}$表示。 |
| 1 | 次级线圈的相电压 | 次级线圈的相电压用$2\dot{U}_1$、$2\dot{U}_2$、$2\dot{U}_3$表示。 |
| 2 | 次级线圈的线电压 | 次级线圈的线电压，用$2\dot{U}_{12}$、$2\dot{U}_{23}$、$2\dot{U}_{31}$表示。 |

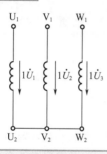
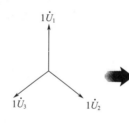

将初级线圈三相绕组的三个末端$U_2$、$V_2$、$W_2$连接在一起，组成中性点N，将首端$U_1$、$V_1$、$W_1$引出。

### Y0接法

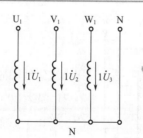

将$U_1$、$V_1$、$W_1$、N四个接线端引出就称Y0接法。

因为：$1\dot{U}_{12} = 1\dot{U}_1 - 1\dot{U}_2, 1\dot{U}_{23} = 1\dot{U}_2 - 1\dot{U}_3, 1\dot{U}_{31} = 1\dot{U}_3 - 1\dot{U}_1$。

所以：$1\dot{U}_{12}$超前$1\dot{U}_1$ 30°，$1\dot{U}_{23}$超前$1\dot{U}_2$ 30°，$1\dot{U}_{31}$超前$1\dot{U}_3$ 30°。

那么：线电压的大小为相电压的$\sqrt{3}$倍。

△接法又叫三角形接法，是将三相绕组依次首尾相接，成为一个闭合回路，因为平衡的三相感应电动势之和为零，所以回路内的总电动势为零。

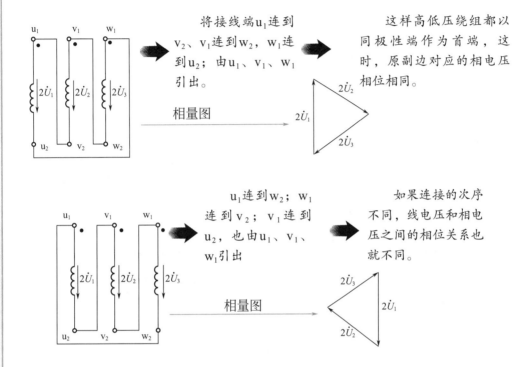

用前一种次序连接，线电压u₁至v₁电压$2\dot{U}_{12}=-2\dot{U}_2$，用后一种次序连接，$2\dot{U}_{12}=2\dot{U}_1$，不同的连接次序用在三相变压器上，就可能组成不同的连接组。

第6章 变压器

>> 特别提醒

三相变压器的高低压绕组可以有不同的连接方法，使高、低压绕组的对应接线端的线电压之间（例如，$1\dot{U}_{12}$与$2\dot{U}_{12}$之间）有不同的相位差，根据变压器原副边线电压的相位关系，通常采用时针表示法，即把时钟长针作为高压侧线电压相量，并把它固定放在钟面数字12上；而把时钟短针作为低压侧线电压相量，短针在钟面上所指的数字，就是变压器的连接组别。按我国国家规定，三相双线圈电力变压器的原、副线圈采用Y/Y、Y0/Y、Y/Y0、Y/△、Y0/△五种形式。其中分子表示高压线圈的接法，分母表示低压线圈的接法。

## 6.2.3　变压器绕组的连接组的相关规定

我国现行标准中规定，三相变压器的3个相绕组或组成三相变压器组的三台单相变压器，同一电压的绕组连接为星形、三角形或曲折形时，高压绕组分别用Y、D或Z表示，中、低压绕组分别用y、d、z表示；有中性点引出的星形或曲折形连接用YN（yn）或ZN（zn）表示；自耦连接的低压绕组用a表示。

在表示变压器不同的连接组标号时，我国采用了时钟表示法，即把高压和低压绕组的线电压相量分别作为时钟面上的分针和时针，当分针固定指向12点时，时针所指的小时数即为连接组的标号。

### 新旧电力变压器连接组标号的对照表

| 名称 | 旧标准（GB 1094—1979） | | | 新标准（GB 1094·1—2013） | | |
|---|---|---|---|---|---|---|
| | 高压 | 中压 | 低压 | 高压 | 中压 | 低压 |
| 星形连接 | Y | Y | Y | Y | y | y |
| 星形连接并有中性点引出 | $Y_0$ | $Y_0$ | $Y_0$ | YN | yn | yn |
| 三角形连接 | △ | △ | △ | D | d | d |
| 曲折形连接 | Z | Z | Z | Z | z | z |
| 曲折形连接并有中性点引出 | $Z_0$ | $Z_0$ | $Z_0$ | ZN | zn | zn |
| 自耦变压器 | 连接组代号前加0 | | | 有公共部分两绕组额定电压较低的用a | | |
| 组别数 | 用1～12，且前加横线 | | | 用0～11 | | |
| 连接符号间 | 连接符号间用斜线 | | | 连接符号间不加逗号 | | |
| 连接组标号举例 | $Y_0$/△-11 | | | YNd11 | | |

变压器连接组的数目很多，为了制造和并联运行方便，我国国家标准规定只生产Yyn0、Yd11、YNd11、YNy0、Yy0五种。其中前三种最常用，连接方法与相量图可参见下页表，应用范围如下。

1　Yyn0连接组　主要用于中、小容量的三相配电变压器，可带照明负载和动力负载，其高压侧电压不得超过35kV，低压侧电压不得超过400V，变压器容量不应超过1800kV·A，且星形连接的低压绕组中性点必须引出。

快学巧学　电工基础

## 双绕组三相变压器常用连接组

| 绕组连接 | | 相量图 | | 连接组标号 |
|---|---|---|---|---|
| 高压 | 低压 | 高压 | 低压 | |
| $1U_1$ $1V_1$ $1W_1$ / $1U_2$ $1V_2$ $1W_2$ | $2U_1$ $2V_1$ $2W_1$ / $2U_2$ $2V_2$ $2W_2$ | $\dot{U}_{1U}$ $\dot{U}_{1W}$ $\dot{U}_{1V}$ | $\dot{U}_{2U}$ $\dot{U}_{2W}$ $\dot{U}_{2V}$ | Yyn0（即以前的 $Y/Y_0$-12） |
| $1U_1$ $1V_1$ $1W_1$ / $1U_2$ $1V_2$ $1W_2$ | $2U_1$ $2V_1$ $2W_1$ / $2U_2$ $2V_2$ $2W_2$ | $\dot{U}_{1U}$ $\dot{U}_{1W}$ $\dot{U}_{1V}$ | $\dot{U}_{2U}$ $\dot{U}_{2V}$ $\dot{U}_{2W}$ | Yd11（即以前的 Y/△-11） |
| N $1U_1$ $1V_1$ $1W_1$ / $1U_2$ $1V_2$ $1W_2$ | $2U_1$ $2V_1$ $2W_1$ / $2U_2$ $2V_2$ $2W_2$ | $\dot{U}_{1U}$ $\dot{U}_{1W}$ $\dot{U}_{1V}$ | $\dot{U}_{2U}$ $\dot{U}_{2V}$ $\dot{U}_{2W}$ | YNd11（即以前的 $Y_0$/△-11） |

2 Yd11连接组 ➡ 用于高压为10～35kV、低压为3～10kV电压等级的中、小容量变压器或较大容量的发电厂用变压器。

3 YNd11连接组 ➡ 主要用于高压输电线路中。

**>> 特别提示**

Yyn0接法的副绕组可以引出中性线成为三相四线制，用作配电变压器时可兼带照明负荷和动力负载。Yd11用于副边电压超过400V的线路中，这时有一边接成△形，对运行有利。YNd11主要用于高压输电线路中，使电力系统的高压侧有可能接地。

第6章 变压器

# 6.3 特种变压器

## 6.3.1 整流变压器的应用与分类

变流包括整流（交流电变为直流电）、逆变（直流电变为交流电）及变频（由一种频率的交流电变成另一种频率的交流电）三种方式。交流变压器就是满足以上功能的一种主要设备，交流变压器中专供整流使用的称为整流变压器。

整流变压器是整流设备中重要的组成部分之一，它和各种整流装置组成整流电路系统。为把交流电变为直流电，整流变压器首先将交流电网的电压变成一定大小及相位的电压，再经整流装置（整流器）进行整流，输出给直流电气设备。

**整流变压器的分类**

| | |
|---|---|
| 1 按相数分 | 分为单相、三相及多相（如六相、十二相等）。为使输出的直流电更平直，整流变压器的二次侧通常为多相。 |
| 2 按冷却方式分 | 可分为干式和油浸式两种。 |
| 3 按用途分 | 可分为电力拖动用整流变压器、牵引整流变压器、电解电镀用整流变压器、充电用整流变压器及同步电动机励磁系统整流装置用整流变压器等。 |
| 4 按调压方式分 | 可分为不调压、无励磁调压及有载调压三种整流变压器。 |

**整流变压器的作用**

| | |
|---|---|
| 1 降压作用 | 将电网的高电压降低到相当于直流电压的数值。 |
| 2 变相作用 | 将电源的相数转变为整流需要的相数（三相、六相或十二相）。 |

工业用直流电源大部分是由交流电经整流而得到的。整流变压器可用于电化、牵引、传动、直流输电、电镀、励磁、充电、串级调速及静电除尘等各行各业。

**三相全波整流电路**

　　整流变压器的参数随着不同的连接方式而有较大的变化。其设计形式主要依从于整流电路的形式。中小型整流变压器除单相（半波、全波、桥式）电路外，按其网侧和阀侧接法主要有以下两种类型。

三相全波整流电路

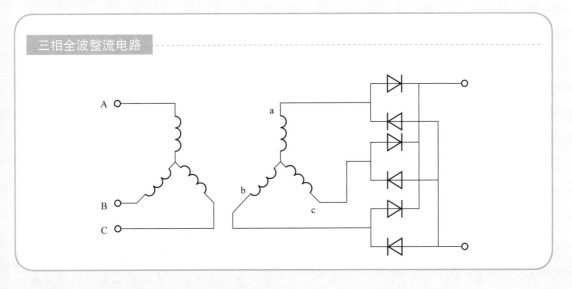

**双反星形六相半波整流电路**

　　星/三角形的意思是网侧可以设计成星形连接或三角形连接，双反星形的意思是把三相整流变压器阀侧的每相绕组分成两半，而把其两部分低压绕组接成极性相反的两个星形连接，再把它们的中性点连接起来。

双反星形六相半波整流电路

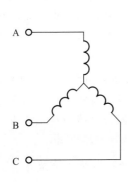
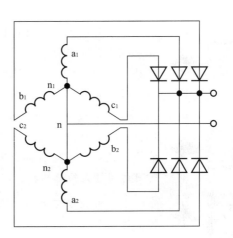

## 6.3.2　自耦变压器的应用与分类

普通双绕组变压器的一、二次绕组是单独分开，并互相绝缘的，一、二次绕组之间只有磁的耦合，没有直接电的联系。

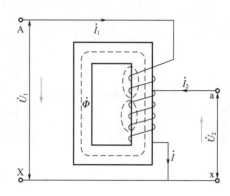

当变压器一、二次额定电压相差不大时，采用自耦变压器可以比采用普通双绕组变压器节省材料、降低成本、缩小变压器体积和减轻重量，有利于大型变压器的运输和安装。因此，在高电压、大容量的电力系统中，当所需电压比不大时，自耦变压器的运用越来越多。

和普通双绕组变压器相比较，自耦变压器的主要特点如下。

───　自耦变压器的特点　┄┄┄┄┄┄┄┄┄┄┄┄┄┄┄┄┄┄┄┄┄┄┄┄┄┄┄┄

　由于自耦变压器的计算容量小于额定容量，所以在同样的额定容量下，自耦变压器的主要尺寸缩小，有效材料（硅钢片和铜线）和结构材料（钢材）都相应地减少，从而降低了成本。

　由于自耦变压器有效材料的减少，使得其铜耗和铁耗也相应减少，故自耦变压器的效率较高；由于自耦变压器的主要尺寸缩小，使其重量减轻，外形尺寸缩小，有利于变压器的运输与安装。

　由于自耦变压器的短路阻抗标幺值比双绕组变压器的小，故短路电流较大。为了提高自耦变压器承受突然短路的能力，设计时，对自耦变压器的机械强度应适当加强，必要时可适当增大短路阻抗，以限制短路电流。

　由于自耦变压器一、二次侧具有电的联系，故自耦变压器的过电压保护比较复杂。

快学巧学 电工基础

# 第7章

# 电动机 ◂◂◂

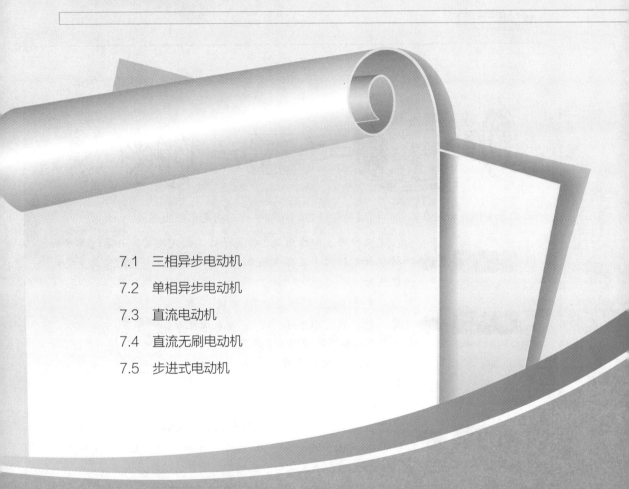

# 7.1 三相异步电动机

## 7.1.1 三相异步电动机的组成

三相异步电动机分为两个基本部分：定子（固定部分）和转子（转动部分）。

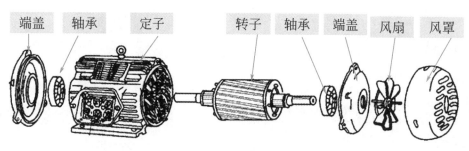

端盖　轴承　定子　　　转子　轴承　端盖　风扇　风罩

定子由机座和装在机座内的圆筒形铁芯以及其中的三相定子绕组组成。

定子机座　机座的主要作用是支撑定子铁芯固定端盖，并通过其底脚将整台电动机安装在基础上。全封闭式的机壳表面又是主要的散热面。

定子铁芯　定子铁芯是电动机磁路的一部分，铁芯固定在机座内，它由表面绝缘的0.5mm厚的硅钢片叠压而成，铁芯的内圆周表面冲有槽，用以嵌放对称的三相定子绕组。

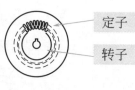

定子

转子

定子绕组　定子槽内的三相绕组，一般可接成星形或三角形，绕组的引出线头固定在定子接线盒内。每相绕组的首末端用符号 $U_1$、$U_2$、$V_1$、$V_2$、$W_1$、$W_2$ 标记，在接线形式上要按电动机铭牌上的说明，接成星形和三角形。

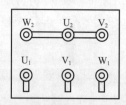

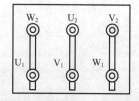

转子是异步电动机的旋转部分，由铁芯、绕组和转轴组成，它的作用是输出机械转矩。

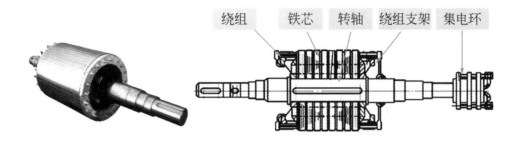

绕组　铁芯　转轴　绕组支架　集电环

**1 转子铁芯 ➡** 是电动机磁路的一部分，也用0.5mm厚的硅钢片叠压而成，在硅钢片外圆上冲有均匀的沟槽，供嵌放转子绕组用。

**2 转子绕组 ➡** 三相异步电动机根据转子构造不同分为两种形式：绕线式和笼形。绕线式转子铁芯槽内嵌置对称的三相绕组；三相绕组接成星形，每相的始端接在三个铜制的滑环上，滑环固定在转轴上。

笼形绕组就是一根根铜条，均匀分布在转子铁芯槽内，在转子两端的槽口处，用两个端环分别把伸出转子两端的所有铜条焊接起来。

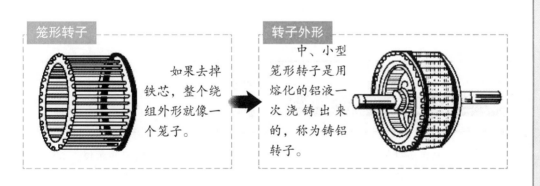

**笼形转子**

如果去掉铁芯，整个绕组外形就像一个笼子。

**转子外形**

中、小型笼形转子是用熔化的铝液一次浇铸出来的，称为铸铝转子。

**3 转轴 ➡** 它是传递功率的部件，电动机由电磁能转变为机械能，主要靠转轴传递。转轴一般由中碳钢制成，小直径转子铁芯一般直接安装在转轴上，直径较大的转子铁芯一般是通过固定支架固定在转轴上的，也有转轴焊接幅向筋为支架的。

第7章 电动机

## 7.1.2 三相异步电动机的铭牌

在三相电动机的外壳上，钉有一块牌子，叫铭牌。铭牌上注有这台三相电动机的主要技术数据，是选择、安装、使用和修理（包括重绕组）三相电动机的重要依据，按铭牌所规定的额定值和工作条件运行，叫做额定运行方式。

 **异步电动机的型号**

三相产品型号是为了简化技术条件对产品名称、规格、形式等的叙述而引入的一种代号，我国现用汉语拼音大写字母、国际通用符号和阿拉伯数字组成产品型号。

国产中小型三相异步电动机型号的系列为Y系列，是按国际电工委员会IEC标准设计生产的三相异步电动机，它是以电动机中心高度为依据编制型号谱的，如在Y-200L2-6中Y表示异步电动机，200L2-6表示中心高200mm、长机座、2号铁芯、6极。

 **三相异步电动机的额定值**

额定值是制造厂根据国家标准，对电动机每一电量或机械量所规定的数值。

1 额定功率$P_N$ ➤ 电动机的额定功率是指在满载运行时三相电动机轴上所输出的额定机械功率，用$P_N$表示，以千瓦（kW）或瓦（W）为单位。

2 额定电压$U_N$ ➤ 额定电压是指接到电动机绕组上的线电压。三相电动机要求所接的电源电压值的变动一般不应超过额定电压的±5%。电压过高，电动机容易烧毁；电压过低，电动机难以启动，即使启动后电动机也可能带不动负载，容易烧坏。

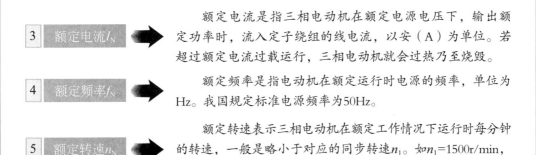

**3** 额定电流$I_N$ ➡ 额定电流是指三相电动机在额定电源电压下，输出额定功率时，流入定子绕组的线电流，以安（A）为单位。若超过额定电流过载运行，三相电动机就会过热乃至烧毁。

**4** 额定频率$f_N$ ➡ 额定频率是指电动机在额定运行时电源的频率，单位为Hz。我国规定标准电源频率为50Hz。

**5** 额定转速$n_N$ ➡ 额定转速表示三相电动机在额定工作情况下运行时每分钟的转速，一般是略小于对应的同步转速$n_1$。如$n_1=1500$r/min，则$n_N=1440$r/min。

### 三相异步电动机铭牌的其他内容

铭牌上除标有上述各项额定值外，还标有接法、绝缘等级（允许温升）、工作方式（定额）等。

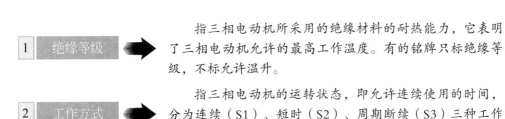

**1** 绝缘等级 ➡ 指三相电动机所采用的绝缘材料的耐热能力，它表明了三相电动机允许的最高工作温度。有的铭牌只标绝缘等级，不标允许温升。

**2** 工作方式 ➡ 指三相电动机的运转状态，即允许连续使用的时间，分为连续（S1）、短时（S2）、周期断续（S3）三种工作状态。

连续工作状态是指电动机带额定负载运行时，运行时间很长，电动机的温升可以达到稳态温升的工作方式。

短时工作状态是指电动机带额定负载运行时，运行时间很短，使电动机的温升达不到稳态温升；停机时间很长，使电动机的温升可以降到零的工作方式。标准的持续时间限值分为10min、30min、60min和90min四种。

周期断续工作状态是指电动机带额定负载间歇运行，但可按一定周期重复运行，每周期包括一个额定负载时间和一个停止时间，额定负载时间与一个周期之比称为负载持续率，用百分数表示，标准的负载持续率为15%、25%、40%、60%，每个周期为10min。

**3** 接法 ➡ 指电动机在额定电压下，定子三相绕组应采用的连接方法。

### 7.1.3 三相异步电动机的启动

 **笼形异步电动机的启动**

笼形异步电动机的启动方法有全压启动（也称直接启动）和降压启动两大类。

**全压启动（直接启动）** --------------------------------------------------------------

如果电源容量足够大，电动机容量又不太大，启动电流不致引起电网电压明显变动，这样的电动机可直接启动。直接启动就是利用闸刀开关或接触器将电动机直接接到具有额定电压的电源上。

**降压启动** --------------------------------------------------------------------------

星形−三角形（Y−△）换接启动

如果电动机正常工作时，定子绕组接成三角形，那么启动时就可以接成星形，启动完毕再换成三角形，这种方法叫做星形−三角形换接启动。这样，在启动时就可把定子每相绕组的电压降到正常工作电压的 $\dfrac{1}{\sqrt{3}}$。

启动时每相的等效阻抗

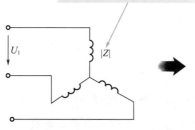 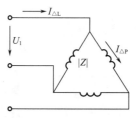

当定子绕组连成星形，即降压启动时，

$$I_{YL} = I_{YP} = \frac{U_L/\sqrt{3}}{|Z|}$$

当定子绕组连成三角形，即直接启动时，

$$I_{\triangle L} = \sqrt{3} I_{\triangle p} = \sqrt{3}\frac{U_L}{|Z|}$$

比较上面两式，可得：星形连接降压启动时的电流是三角形连接直接启动时的1/3。下图为此法的接线图，此法只适用于正常工作时定子绕组为三角形连接的电动机。

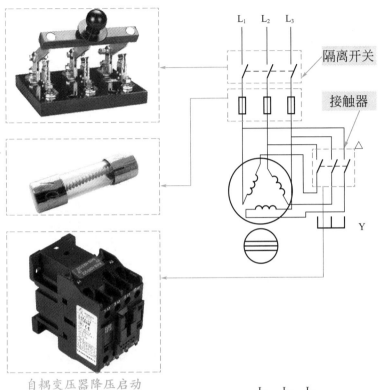

隔离开关

接触器

自耦变压器降压启动

自耦变压器降压启动是利用三相
自耦变压器将电动机启动过程中的输
入电压适当降低，以减小电动机的启
动电流。

控制开关S₁、S₂、S₃

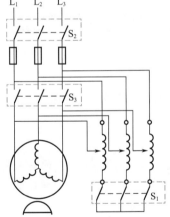

启动时先合上开关S₁，再合上开关S₂，这时电源经过自耦变压器降为低电压后接到电
动机上。待接近额定转速时，再合上开关S₃，拉开开关S₁，切除自耦变压器，电动机在额
定电压下运行。

**转子电路中串入电阻启动** ----------------------------------------------------

绕线式电动机的启动，只要在转子电路中接入大小适当的启动电阻$R_S$，就可达到减小启动电流的目的。

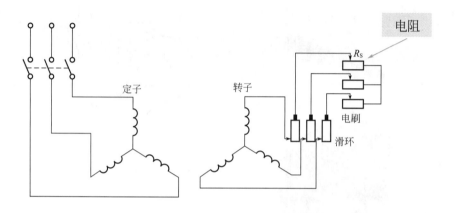

启动时全部电阻接入转子电路，启动后，随着转速升高将启动电阻$R_S$逐段切除。

**转子电路串入频敏变阻器启动** ----------------------------------------------

频敏变阻器就是有铁芯的电抗器，它具有等效电阻随频率变化的特性，在电动机启动过程中，转子电流频率由大变小，则频敏变阻器的等效电阻也自动地由大变小，这样就相当于自动切除了转子电路电阻，可限制启动电流，并实现平稳的无级启动。

频敏变阻器的功率因数较低，启动转矩只能达到最大转矩的$50\% \sim 60\%$，所以一般只适用于轻载启动或启动不频繁的设备上。

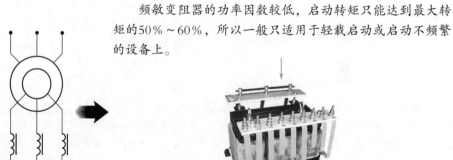

## 7.1.4  三相异步电动机的调速

调速就是在同一负载下能得到不同的转速，以满足生产过程的要求。转速公式为

$$n_2 = (1-S)n_1 = (1-S)\frac{60f_1}{p}$$

此式表明，改变电动机的转速有三种可能，即改变电源频率$f_1$、极对数$p$和转差率$S$。前两者是笼式电动机的调速方法，后者是绕线式电动机的调速方法。

| 变频调速 |

近年来变频调速技术发展很快，它由晶闸管整流器和晶闸管逆变器组成。整流器先把50Hz交流电经整流变为直流电，再由逆变器变换为频率可调、电压有效值也可调的三相交流电，供给笼型异步电动机，由此可得到电动机的无级调速。

整流器

| 变极调速 |

我们知道，如果极对数$p$减小一半，则旋转磁场的转速$n_1$可增加一倍，转子的转速也差不多提高一倍。在制造电动机时，设计了不同的磁极对数，根据需要只要改变定子绕组的连接方式，就能改变磁极对数，使电动机得到不同的转速。

下面以双速电动机为例，讨论改变绕组的接线方式实现变极调速。

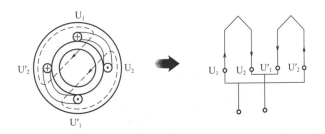

如果把U相绕组的两组线圈$U_1$—$U_2$和$U_1'$—$U_2'$反向串接，就像上图，这两组线圈形成的磁场显然只有一对磁极，这就是两极异步电动机。

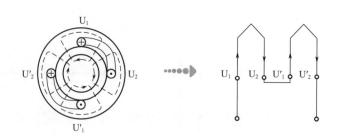

若把两组线圈 $U_1$—$U_2$ 和 $U'_1$—$U'_2$ 正向串接，这两组线圈的四个有效边中相邻两个边的电流方向不同，产生四个磁极区域，故形成了四极异步电动机。

由上述可知，定子绕组极数改变了一倍。双速电动机在机床上用得较多，像某些镗床、磨床、铣床上都有。这种电动机的调速是有级的。

## 7.1.5 三相异步电动机的制动

因为电动机的转动部分有惯性，所以切断电源以后，电动机还会继续转动一段时间才停止。为了提高工作效率，往往要求电动机迅速停转，这就需要采取一些措施，对电动机制动，也就是要求它的制动转矩和转子的转动方向相反。

能耗制动这种方法是切断三相电源后，同时接入直流电源，当直流电流通过定子绕组时，在电动机中产生方向恒定的磁场，根据右手和左手定则不难确定这时转子电流的固定磁场相互作用产生的转矩方向，它与电动机转动方向相反，因而起制动作用。

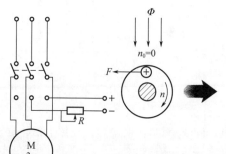

实际上这是电动机拖动系统中储存的动能转变为电动机转子中的电能而被消耗掉的制动方法，所以称为能耗制动。

**反接制动**

反接制动是电动机的一种制动方式，它通过反接相序，使电动机产生起阻滞作用的反转矩以便制动电动机。

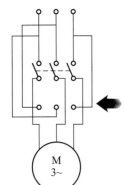

制动时，可将三相刀开关拉开，并投向另一端。由于定子绕组电源的相序改变，因而产生制动转矩，使电动机转速迅速下降。当电动机转速接近于零时，应及时拉开电源，否则电动机将反转。

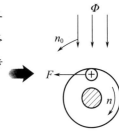

 **发电反馈制动**

由于外力或惯性使电机转速大于同步转速时，转子电流和定子电流的方向都与电机作为电动机运行时的方向相反，所以此时电机不从电源吸取能量，而是将重物的位能和转子的动能转变为电能并反馈回电网，电机变为发电机运行，因而称为发电反馈制动。

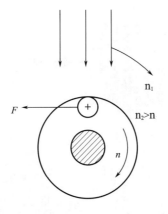

当某些提升设备（如起重机）下放重物时，由于重力的作用，转子的转速 $n_2$ 超过旋转磁场的转速 $n_1$ 时，这时的转矩也参与制动。

# 7.2 单相异步电动机

## 7.2.1 单相异步电动机的基本结构与原理

使用单相交流电源供电的电动机叫单相电动机,单相异步电动机的构造和笼型三相异步电动机相似,也是由定子和笼型转子两个基本部分组成的。

| 端盖 | 电容器 | 定子 | 接线 | 转子 | 端盖 |

Y1801M2-4

电源线　机座

1 端盖 ➡ 端盖是由铸铝或铸铁制成的,起着容纳轴承、支撑和定位转子以及保护定子绕组端部的作用。

快学巧学 电工基础

2 定子 ➡️ 定子由定子铁芯和线圈组成，定子铁芯由硅钢片叠压而成，铁芯槽内嵌着两套独立的绕组，它们在空间上相差90° 电角度，一套称为主绕组（工作绕组），另一套称为副绕组（启动绕组）。

3 转子 ➡️ 转子为鼠笼结构。它在叠压成的铁芯上，铸入铝条，再在两端用铝铸成闭合绕组（端环）而成，端环与铝条形如鼠笼。

4 机座 ➡️ 机座的作用是罩住电动机的定子和转子，使其不受机械损伤，并防止灰尘和杂物侵入。

## 7.2.2　单相异步电动机的分类及代号

单相交流异步电动机的类型很多，按启动方法可分为两大类，共五种。一类是罩极式电动机（凸极式罩极电动机和隐极式罩极电动机）；另一类是分相式电动机（电阻分相式电动机、电容分相式电动机和电感分相式电动机）。

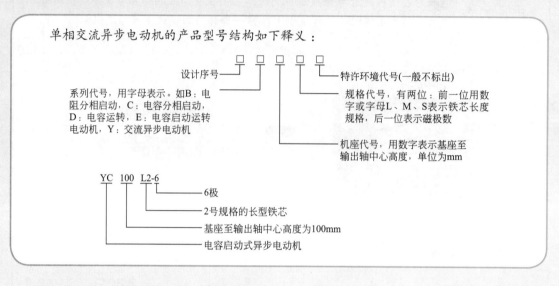

单相交流异步电动机的产品型号结构如下释义：

设计序号□　□　□　□　□　特许环境代号(一般不标出)

系列代号，用字母表示。如B：电
阻分相启动，C：电容分相启动，
D：电容运转，E：电容启动运转
电动机，Y：交流异步电动机

规格代号，有两位：前一位用数
字或字母L、M、S表示铁芯长度
规格，后一位表示磁极数

机座代号，用数字表示基座至
输出轴中心高度，单位为mm

YC　100　L2-6

　　　　　　6极

　　　　2号规格的长型铁芯

　　　基座至输出轴中心高度为100mm

　　电容启动式异步电动机

## 7.2.3　单相异步电动机的启动

要使单相异步电动机能够自行启动必须具备两个条件：

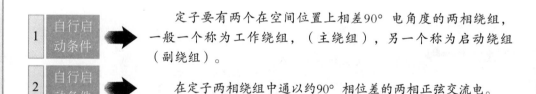

**1** 自行启动条件 ➡ 定子要有两个在空间位置上相差90°电角度的两相绕组，一般一个称为工作绕组，（主绕组），另一个称为启动绕组（副绕组）。

**2** 自行启动条件 ➡ 在定子两相绕组中通以约90°相位差的两相正弦交流电。

对于第一个条件在制造电动机时就能保证，因此，单相交流异步电动机实际上由两相绕组组成，但需要说明的是，单相异步电动机在启动之前，如果把启动绕组断开，则电动机就不能形成旋转磁场，也就不能启动。但在启动后，若把启动绕组去掉，则电动机在一相绕组的情况下仍能继续旋转。

➡ 对于第二个条件，由于是单相异步电动机，不可能再用两相交流电源；因此，可以从一相电源变换而来，叫做分相。

## 电容分相启动式电动机

　　电容分相启动式电动机的副绕组上通过离心式启动开关串联了一个较大容量的电容器，使副绕组呈容性，主绕组仍保持感性。启动时，副绕组中的电流相位超前主绕组电流90°电角度，这样就使单相交流电分为两相，形成旋转磁场而产生启动转矩。当转速达到额定值的70% ~ 80%时，启动开关使副绕组脱开电路，由主绕组单独维持电动机转动。

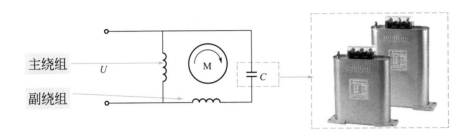

主绕组
$U$
副绕组
M
$C$

　　这种启动性能好，启动电流小，但它的空载电流较大，功率因数和效率都不高，并要与适当的电容匹配。它适用于要求启动转矩较大、启动电流较小的机械上。

## 电阻分相启动式电动机

　　电阻分相启动式电动机的副绕组导线线径细，匝数少，电阻大，电感量小，使副绕组呈阻性。

主绕组
$U$
M
$S$
副绕组

　　主绕组导线线径粗，匝数多，电阻很小，电感量大，呈感性。这样两绕组接在同一单相电源上时，绕组中的电流就不同相，从而使单相交流电分为两相，形成旋转磁场而产生启动转矩。

　　当转速达到额定值的70%~80%时，启动开关使副绕组脱开电路，由主绕组单独维持电动机转动。

　　结构简单，成本低廉，运行可靠，但它的启动转矩小，启动电流大，过载能力差，功率因数和效率也都不高。它多用在小功率的机械上。

## 电容运转式电动机

电容运转式电动机的副绕组和一个小容量的电容器串联，在启动和运转时，始终接在电路中，这实质上构成了两相电动机，由主绕组、副绕组与电容器共同维持电动机转动。

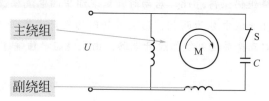

这种方式有较好的运行特性，其功率因数、效率和过载能力均比其他类型的单相电动机高，而且省去了启动装置。但由于电容器的容量是按运转性能要求选取的，比单独用于启动时的电容量要小，因此启动转矩较小。它适用于启动比较容易的机械上。

## 电容启动和运转式电动机

电容启动和运转式电动机的副绕组上串联有一个大容量的启动电容器 $C_1$ 和一个小容量的运行电容器 $C_2$，启动时两个电容器并联工作，使副绕组呈容性，有利于提高启动转矩。在电动机启动后，离心启动开关使启动电容器脱开电路，运行电容器与副绕组、主绕组共同维持电动机转动。

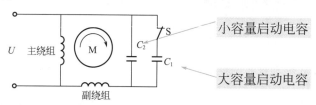

电容启动和运转式电动机的特点是启动转矩大，运行特性好，功率因数高，但结构复杂，成本较高。它适用于大功率的机械上。

## 单相罩极式电动机

单相凸极式罩极电动机定子铁芯的极面中间开有一个小槽，用短路铜环罩住部分极面积，起着启动绕组的作用。单相隐极式罩极电动机不用短路铜环，而用较粗的绝缘导线做成匝数很少的罩极绕组跨在定子槽中，作为启动绕组用。

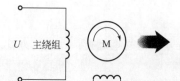

单相罩极式电动机的特点是结构简单，不需要启动装置和电容器，但它的启动转矩很小，功率也小，旋转方向不能改变。它多用于小型鼓风机、电风扇、电唱机中。

# 7.3 直流电动机

## 7.3.1 直流电动机的工作原理

　　直流电动机主要由前端盖、风扇、机座（含磁铁或励磁绕组等）、转子（含换向器）、电刷装置和后端盖组成。在机座中，有的电动机安装有磁铁，如永磁直流电动机；有的电动机则安装有励磁绕组（用来产生磁场的绕组），如并励直流电动机、串励直流电动机等。直流电动机的转子中嵌有转子绕组，转子绕组通过换向器与电刷接触，直流电源通过电刷、换向器为转子绕组供电。

前端盖　电刷和刷架　磁场绕组　　　　电枢　　　　后端盖

磁极铁芯　　　机壳

　　电动机是如何旋转的呢？
　　电枢绕组通过电刷接到直流电源上，绕组的旋转轴与机械负载相连。电流从电刷A流入电枢绕组，从电刷B流出，可参看下页图。电枢电流 $I_a$ 与磁场相互作用产生电磁力 $F$，其方向可用左手定则判定。这一对电磁力所形成的电磁转矩 $T$，使电动机电枢逆时针方向旋转。

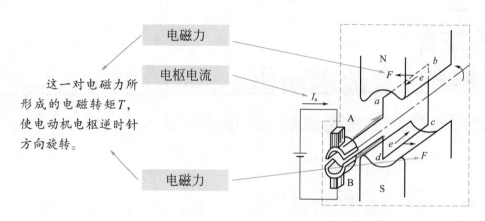

电磁力

电枢电流

这一对电磁力所形成的电磁转矩$T$,使电动机电枢逆时针方向旋转。

电磁力

由于换向器的作用,电源电流$I_a$仍由电刷A流入绕组,由电刷B流出。电磁力和电磁转矩的方向仍然使电动机电枢逆时针方向旋转。

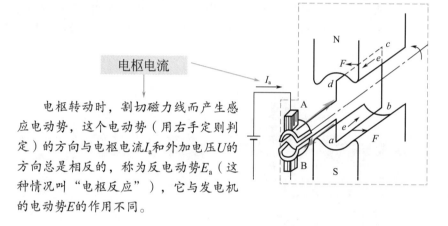

电枢电流

电枢转动时,割切磁力线而产生感应电动势,这个电动势(用右手定则判定)的方向与电枢电流$I_a$和外加电压$U$的方向总是相反的,称为反电动势$E_a$(这种情况叫"电枢反应"),它与发电机的电动势$E$的作用不同。

发电机的电动势是电源电动势,在外电路产生电流。而$E_a$是反电动势,电源只有克服这个反电动势才能向电动机输入电流。可见,电动机向负载输出机械功率的同时,电源却向电动机输入电功率,电动机起着将电能转换为机械能的作用。

直流电动机和交流电动机的区别

结构:直流电动机多出了换向极和电刷装置两个部分。转子部分的主要区别是:直流电动机多出了换向器这个部分。

三相交流电动机定子的三相对称绕组中接入交流电源后,就会流过交流电流,从而在电动机中就会产生旋转磁场,以同步转速旋转。在旋转磁场的作用下,转子导体中感应电势,产生电流。但直流电动机中的外加电源加在了转子上,而不是定子,转子线圈的两边受到电磁力的作用,使转子旋转起来。而且直流电动机外加的电源是直流的,是在线圈中流过时才变成了交变的。

## 7.3.2 直流电动机的铭牌

| 型号 | Z₄-200-21 | 励磁方式 | 并励 |
|---|---|---|---|
| 额定功率 | 22kW | 额定励磁电压 | 220V |
| 额定电压 | 220V | 额定励磁电流 | 2.06A |
| 额定电流 | 110A | 定额 | S1 |
| 额定转速 | 1500r/min | 温升 | 80℃ |
| 出厂编号 | ××××× | 出厂日期 | ×年×月×日 |
| ×××××电机厂 | | | |

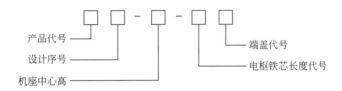

其中，第一部分大写汉语拼音字母的含义对照下表。

| 序号 | 系列 | 含义描述 |
|---|---|---|
| 1 | Z | 一般用途直流电动机（如Z₂、Z₃、Z₄等系列） |
| 2 | ZA | 防爆安全型直流电动机，常用于矿井和易爆气体场合 |
| 3 | ZH | 船舶上使用的直流电动机 |
| 4 | ZJ | 精密机床上使用的直流电动机 |
| 5 | ZT | 宽调速直流电动机，常用于调整范围较宽的恒功率负载 |
| 6 | ZQ | 直流牵引电动机，常用于电力机车、工矿电机车和蓄电池供电的电车 |
| 7 | ZU | 龙门刨床上使用的直流电动机 |
| 8 | ZW | 无槽直流电动机，常用在快速响应的伺服系统中作执行元件 |
| 9 | ZKJ | 挖掘机上使用的直流电动机 |
| 10 | ZLJ | 力矩直流电动机，常用在伺服系统中作执行元件 |
| 11 | ZZJ | 冶金起重直流电动机，具有快速启动和承受较大过载能力的特性 |

在直流电动机的铭牌上，它有以下几个比较重要的参数，解释如下。

1 额定功率$P_N$  ➤  额定功率是指在额定条件下，直流电机所能提供的输出功率，对于发电机来讲是指输出的电功率；对于电动机来讲，是指转轴上输出的机械功率，单位为kW。

| 2 | 额定电压 | ➡ |

额定电压是指在额定工作状态下，直流电机出线端的电压值。对于发电机来讲是指在运行时输出的端电压；对于电动机来讲，是指在额定运行时输入的电源电压，单位为V或kV。

| 3 | 额定电流 | ➡ |

额定电流是指在额定电压下，电机输出额定功率时的电流值。对于发电机来讲是指额定运行时输出给负载的电流；对于电动机来讲，是指额定运行时从电源输入的电流，单位为A。

| 4 | 额定转速 | ➡ |

额定转速是指对应于额定电压、额定电流，电机输出额定功率时，转子旋转的速度，单位为r/min。

| 5 | 励磁方式 | ➡ |

励磁方式决定了励磁绕组和电枢绕组的接线关系，其中励磁方式有他励、串励、复励等。

| 6 | 额定励磁电压 | ➡ |

额定励磁电压是指加在励磁绕组两端的额定电压，单位为V。

| 7 | 额定励磁电流 | ➡ |

额定励磁电流是指加在励磁绕组两端的额定电流，单位为A。

| 8 | 定额 | ➡ |

定额是指电机在额定状态运行时能持续工作的时间和顺序。电机定额分连续、短时和断续三种，分别用S1、S2和S3表示，其规定如下。

连续定额(S1)：表示电机在额定工作状态长期连续运行。

适时定额(S2)：表示电机在额定工作状态时，只能在规定时间内短期运行。我国规定的短时运行时间有10min、30min、60min及90min四种。

断续定额(S3)：表示电机运行一段时间后，就要停止一段时间，只能周期性地重复运行，每一周期在10min以下。我国规定的负载持续率有15%、25%、40%及60%四种。例如：周期为10min，持续率为25%时，工作时间为2.5min，停车时间为7.5min。

| 9 | 温升 | ➡ |

温升是指电机在额定工作状态下运行时，各发热部分的允许最高温度与周围冷却介质温度（环境温度）的温度差，例如：温升为65℃，环境温度为45℃，则允许最高温度为40+65=105℃。

### 7.3.3 五种类型直流电动机的接线及特点

永磁式电动机

永磁式电动机的主要功能是在自动控制系统中作为执行元件或某种信号的发送元件（例如力矩电动机）。

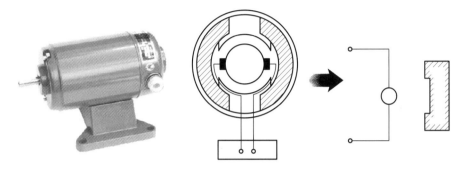

他励电动机

他励电动机的电枢回路与励磁绕组各自分开，由独立的直流电源供电，其电压可在较大的范围内调整。

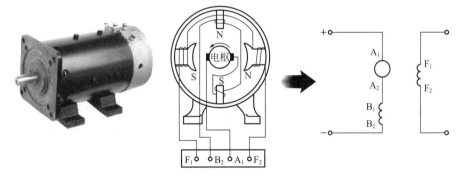

并励电动机

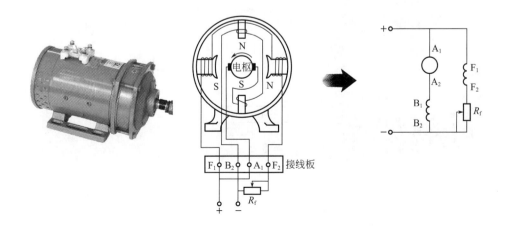

187

并励电动机的电枢回路与励磁绕组并联连接，励磁回路电压与电枢两端的电压有关。它主要用于恒速负载或要求电压波动较小的直流电源。

串励电动机

串励电动机的电枢回路与励磁绕组串联，励磁回路的电流就是电枢回路的电流。它主要用于启动转矩很大而转速允许有较大变化的负载。

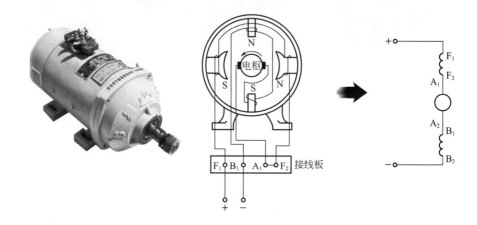

复励电动机

复励电动机有两个励磁绕组，分别与电枢绕组串联和并联。当两个励磁绕组产生的磁通方向相同时，称为积复励电动机；若两个励磁绕组产生的磁通方向相反，则称为差复励电动机。

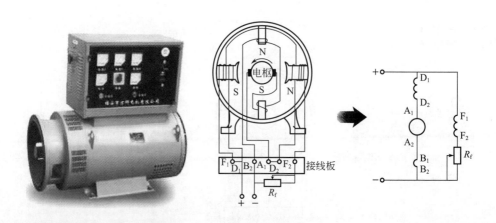

# 7.4 直流无刷电动机

## 7.4.1 无刷直流电动机的外形及结构

所谓无刷直流电动机是利用半导体开关电路和位置传感器代替电刷和换向器的直流电动机。也就是说，它把电刷与换向器的机械整流变换为了霍尔元件与半导体功率开关元件的电子整流。

无刷直流电动机由转子与定子两大部分组成。

金属壳体
定子
转子
换向器
轴承

1 转子 ➡ 转子用永磁材料制成，构成永磁磁极。永磁材料采用铁氧体、镍钴或稀土钴等。

2 定子 ➡ 定子由绕组和铁芯组成。定子铁芯由导磁硅铁片叠压而成，其圆周上均匀分布的槽中嵌放有多相电枢绕组。

无刷直流电动机的工作原理与一般的直流电动机相同，但结构与一般的直流电动机相反，其转子是磁极，定子是电枢绕组。

## 7.4.2　无刷直流电动机的结构与工作原理

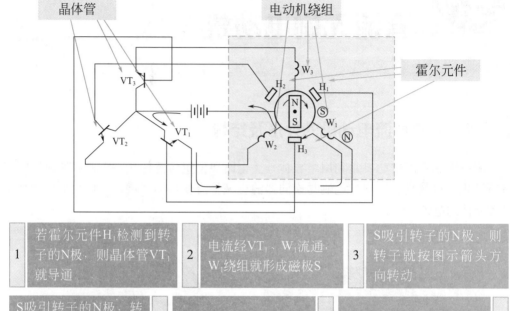

| 1 | 若霍尔元件H₁检测到转子的N极，则晶体管VT₁就导通 | 2 | 电流经VT₁、W₁流通，W₁绕组就形成磁极S | 3 | S吸引转子的N极，则转子就按图示箭头方向转动 |
|---|---|---|---|---|---|

| 6 | S吸引转子的N极，转子就按图示箭头方向转动，重复以上过程 | 5 | 电流经VT₂、W₂流通，W₂绕组就形成磁极S | 4 | 霍尔元件H₂检测转子的S极，晶体管VT₂导通 |
|---|---|---|---|---|---|

　　转子位置传感器的形式有很多，即电磁式、光电式、磁敏式等。从特性好、安装方便等因素考虑，常采用霍尔IC，现作简单介绍。

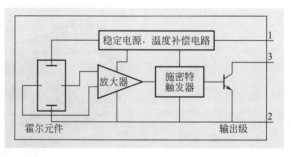

　　无刷直流电动机兼有直流电动机的控制性好与交流电动机的寿命长的优点。无刷电动机优、缺点如下所示。

　　①免维护，这是用于家电产品电动机的必要条件。

　　②小型轻量，可使装置小型化与紧凑化。

　　③噪声低，对其他装置影响小。

　　①成本高，需要检测元件、开关元件。

　　②需要直流电源，由于家用都是交流电源，因此需要变换装置将交流电源变换为直流电源。

# 7.5 步进式电动机

## 7.5.1 步进式电动机的工作原理

步进电动机是用电脉冲信号进行控制，将电脉冲信号转换成相应的角位移或线位移的微电动机，广泛用于打印机等办公自动化设备以及各种控制装置。它与一般的电动机不同，只接电源时不能转动，每加一次脉冲信号后仅转动一定的角度。它可以精确地控制转动角度，还可以实现开环控制，其控制精度也很高。另外，改变脉冲频率时，能很方便地改变转速。

步进电动机的种类繁多，按其电磁转矩的产生原理，可分为三大类：

| | | |
|---|---|---|
| **1** 反应式（又称磁阻式）步进电动机 | **2** 永磁式步进电动机 | **3** 混合式（又称永磁感应式）步进电动机 |

步进电动机的励磁绕组可以制成各种相数，最常见的有单相、三相、四相、五相等多种。应用最广泛的是三相反应式和单相永磁式步进电动机。

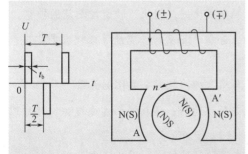

当电源给电动机绕组加入一正脉冲时，其电流方向如图中箭头所示，使定子绕组电流沿两个凸极形成如图中所示的N、S磁极。

此时，定子两磁极的极性与转子两磁极的极性正好是同极性相对，由于同极相斥，异极相吸的原理，转子就以 $n$ 的方向逆时针转过约 $180°$，直到定子磁极与转子磁极的异性磁极相对为止。

## 7.5.2 步进式电动机的驱动方式

步进电动机驱动系统由需要控制电动机旋转方向与转速等的控制装置、将来自控制装置的信号转换为脉冲的脉冲发生器以及对各绕组顺序分配脉冲电流的驱动电路等组成。

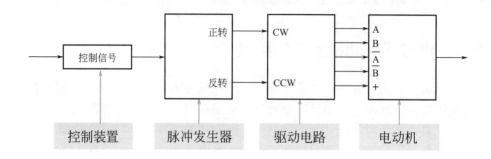

驱动电路可按步进电动机的种类（二相、四相、五相等）、励磁方式（二相励磁，一、二相励磁等）、驱动方式（单极性/双极性、恒压/恒流等方式）、输出功率（1.2A/相、2A/相）等进行分类。

### 步进电动机的特征

步进电动机的主要性能除了上述的步距角以外，还有最大静转矩，这是当电动机不转时，供给控制绕组直流电所能产生的最大转矩，绕组电流越大，最大静转矩也越大，同时还与通电的相数有关。启动频率是指转子在静止情况不失步时启动的最大脉冲频率，要求启动频率越高越好。运行频率越高，转速越快，其影响因数与启动频率相同。步进电动机的特征如下。

1 特征 ➡ 可以用数字信号直接进行开环控制，整个控制系统较简单。

2 特征 ➡ 转速与脉冲信号的频率成比例，因此，转速控制范围较宽。

3 特征 ➡ 步进电动机的启动、停转、正反转、变速等比较容易实现，响应特性也比较好。

4 特征 ➡ 步进电动机的转角与输入脉冲数完全成比例关系。

5 特征 ➡ 超低转速时，能以高转矩运行；停转时，能高度保持转矩以确保其位置。

6 特征 ➡ 无电刷等，电动机本身的部件较少，因此可靠性高。

7 特征 ➡ 价格较低廉。

第**8**章

# 安全用电常识 ◀◀◀

# 8.1 电工安全技术

## 8.1.1 电流对人体的伤害

安全用电包括人身安全和设备安全两个方面，人身安全是指人在生产与生活中防止触电及其他电气危害。

 **触电**

日常生活中的触电事故多种多样，大多是由于人体直接接触带电体，或者设备发生故障，或者人体过于靠近带电体等。当人体触及带电体，或者带电体与人体之间闪击放电，或者电弧触及人体时，电流通过人体进入大地或者其他导体，形成导电回路，这种情况就叫触电。

触电时人体会受到某种程度的伤害，按其触电伤害形式的不同可分为以下两种。

**1 电击** ➡ 电击是指电流流经人体内部，引起疼痛发麻、肌肉抽搐，严重的会引起强烈痉挛、心脏颤动，甚至由于对人体心脏、呼吸系统以及神经系统的致命伤害而造成死亡。绝大部分触电死亡事故都是电击造成的。

**2 电伤** ➡ 电伤是指触电时人体与带电体接触不良部分发生的电弧灼伤，或者是人体与带电体接触部分的电烙印，或由于被电流熔化和蒸发的金属微粒等侵入人体皮肤引起的皮肤金属化。电伤会给人体留下伤痕，电伤严重时同样可以致人死亡。电伤通常是由电流的热效应、化学效应或机械效应造成的。

 **触电伤害程度与各种成因的关系**

触电时间越长，人体电阻因多方面原因会降低，导致通过人体的电流增加，触电的危险亦随之增加。引起触电危险的工频电流和通过电流的时间长度关系可用下式表示。

为引起触电危险的电流，mA → $I = \dfrac{165}{\sqrt{t}}$ ← $t$ 是通电时间，s

通过人体的电流越大，人体的反应就越明显，感应就越强烈，对人的危害就越大。对于工频交流电，按照人体对所通过电流的大小不同所呈现的反应，通常可将电流划分为以下三种。

**1 感知电流** ➡ 指引起人的感觉的最小电流。实践证明，一般成年男性的平均感知电流约为1.1mA，成年女性约为0.7mA。

**2** 摆脱电流 ➡ 指人体触电后能自主摆脱电源的最大电流。实践表明，一般成年男性的平均摆脱电流约为16mA，成年女性约为10mA。

 **3** 致命电流 ➡ 指在较短时间内危及生命的最小电流。实践证明，一般当通过人体的电流为30～50mA时，中枢神经就会受到伤害，使人感觉麻痹、呼吸困难；如果通过人体的电流超过100mA，在极短的时间内就会使人失去知觉而导致死亡。

## 伤害程度与电流途径之间的关系

电流通过头部可使人昏迷，通过脊髓可导致瘫痪，通过心脏会造成心跳停止及血液循环中断，通过呼吸系统会造成窒息。因此，从左手到胸部是最危险的电流途径，从手到手、从手到脚也是很危险的电流途径，从脚到脚是危险性较小的电流途径。

## 伤害程度与电流种类的关系

一般认为40～60Hz的交流电对人最危险。随着频率的增加，危险性略有降低。高频电流不伤害人体，有时还能起到治病的作用。

## 伤害程度与人体电阻的关系

在一定电压的作用下，通过人体的电流大小与人体电阻有关。人体电阻主要是皮肤电阻。

表皮0.05～0.2mm厚的角质层的电阻很大，皮肤干燥时，人体电阻一般为6～10kΩ，有时甚至高达100kΩ，但角质层容易被破坏；去掉角质层的皮肤电阻为800～1200Ω；内部组织的电阻为500～800Ω。

人体电阻因人而异，与人的体质、皮肤的潮湿程度、触电电压的高低、年龄、性别以及职业都有关系。

>> 特别提醒

8～10mA：手摆脱电极已感到困难，有剧痛感（手指关节）；20～25mA：手迅速麻痹，不能自动摆脱电极，呼吸困难；50～80mA：呼吸困难，心房开始震颤；90～100mA：呼吸麻痹，三秒钟后心脏开始麻痹，停止跳动。

第8章 安全用电常识

195

## 8.1.2 人体触电的几种方式

触电可发生在有电线、电气设备的任何场所。触电后会引起人体全身或局部的损伤，损伤轻者可造成痛苦，损伤重者可迅速死亡。

 **单相触电**

当人体在地面或其他接地导体上，而人体的某一部分触及三相导线的任何一相而引起的触电事故称为单相触电。单相触电对人体的危害与电压的高低及电网中性点接地方式等有关。

中性点接地系统的单相触电 - - - - - - - - - - - 中性点不接地系统的单相触电 - - - - - - - -

 **两相触电**

两相触电也叫相间触电，是指在人体与大地绝缘的情况下，同时接触到两根不同的相线，或者人体同时触及电气设备的两个不同相的带电部位时，电流由一根相线经过人体到另一根相线形成闭合回路。

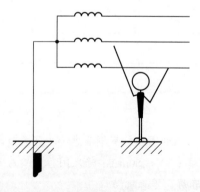

两相触电比单相触电更危险，因为此时加在人体心脏上的电压是线电压。

快学巧学 电工基础

**跨步电压触电**

输电线路火线断线落地时，落地点的电位即导线电位，电流将从落地点流入地中。离落地点越远，电位越低。根据实际测量，在离导线落地点20m以外的地方，由于入地电流非常小，地面的电位近似等于零。

如果有人走近导线落地点附近，由于人的两脚电位不同，则在两脚之间出现电位差，这个电位差叫做跨步电压。

距离电流入地点越近，人体承受的跨步电压越大；距离电流入地点越远，人体承受的跨步电压越小。在20m以外，跨步电压很小，可以看作为零。

当发现有跨步电压危险时，应赶快把双脚并在一起，或赶快用一条腿跳着离开危险区，否则，触电时间一长，会导致触电死亡。

## 8.1.3　触电急救的几个要点

触电事故虽然总是突然发生的，但触电者一般不会立即死亡，往往是"假死"，现场人员应该当机立断，迅速使触电者脱离电源，立即运用正确的救护方法加以抢救。

**脱离电源的方法**

低压触电事故

首先要尽快地使触电者脱离电源。人触电以后，可能由于痉挛或失去知觉等原因而紧抓带电体，不能自行摆脱电源。这时，应使触电者尽快脱离电源。

触电地点附近有电源开关或插头，可立即断开开关或拔掉电源插头，切断电源。

电源开关远离触电地点，可用有绝缘柄的电工钳或干燥木柄的斧头分相切断电线，断开电源；或用干木板等绝缘物插入触电者身下，以隔断电流。

电线搭落在触电者身上或被压在身下时，可用干燥的衣服、手套、绳索、木板、木棒等绝缘物作为工具，拉开触电者或挑开电线，使触电者脱离电源。

立即通知有关部门停电。

 戴上绝缘手套，穿上绝缘靴，用相应电压等级的绝缘工具断开开关。

 抛掷裸金属线使线路短路接地，迫使保护装置动作，断开电源。注意，在抛掷金属线前，应将金属线的一端可靠地接地，然后抛掷另一端。

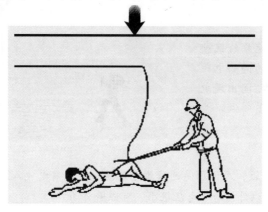

脱离电源的注意事项

 救护人员不可以直接用手或其他金属及潮湿的物件作为救护工具，而必须采用适当的绝缘工具且单手操作，以防止自身触电。

 防止触电者脱离电源后，可能造成的摔伤。

 如果触电事故发生在夜间，应当迅速解决临时照明问题，以利于抢救，并避免扩大事故。

 现场急救方法

当触电者脱离电源后，应当根据触电者的具体情况，迅速地对症进行救护。
基于对触电者的眼睛的检查：

 正常的眼睛 →    ← 瞳孔放大的眼睛

快学巧学 电工基础

## 对触电者检查

然后再检查触电者是否有呼吸和心脏是否跳动：

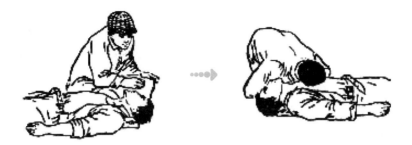

## 触电者急救的不同救治方法

<table>
<tr><td>1</td><td>如果触电者伤势不重，神志清醒，但是有些心慌、四肢发麻、全身无力；或触电者在触电的过程中曾经一度昏迷，但已经恢复清醒</td><td>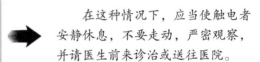</td><td>在这种情况下，应当使触电者安静休息，不要走动，严密观察，并请医生前来诊治或送往医院。</td></tr>
<tr><td>2</td><td>如果触电者伤势比较严重，已经失去知觉，但仍有心跳和呼吸</td><td>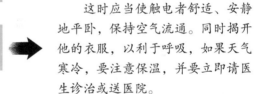</td><td>这时应当使触电者舒适、安静地平卧，保持空气流通。同时揭开他的衣服，以利于呼吸，如果天气寒冷，要注意保温，并要立即请医生诊治或送医院。</td></tr>
<tr><td>3</td><td>如果触电者伤势严重，呼吸停止或心脏停止跳动或两者都已停止</td><td>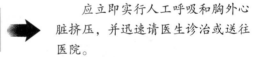</td><td>应立即实行人工呼吸和胸外心脏挤压，并迅速请医生诊治或送往医院。</td></tr>
</table>

现场应用的主要救护方法是口对口人工呼吸法和胸外心脏按压法。

## 口对口人工呼吸法

<table>
<tr><td>1</td><td>触电者仰卧，迅速解开其衣领和腰带</td><td></td><td>2</td><td>触电者头偏向一侧，清除口腔中的异物，使其呼吸畅通，必要时可用金属匙柄由口角伸入，使口张开</td><td></td><td>3</td><td>救护者站在触电者的一边，一只手捏紧触电者的鼻子，一只手托在触电者颈后</td></tr>
</table>

第8章 安全用电常识

199

## 口对口人工呼吸法

清理耳朵、口腔中的异物

将触电者的头部后仰

施救者深吸一口气后吹入触电者口中

放松触电者的鼻子让其从肺部排出

## 胸外心脏按压法

| 1 | 触电者仰卧在结实的平地或木板上，松开衣领和腰带，使其头部稍后仰（颈部可枕垫软物），抢救者跨在触电者腰部两侧 |  | |
| --- | --- | --- | --- |
| 2 | 抢救者将右手掌放在触电者胸骨处，中指指尖对准其颈部凹陷的下端，左手掌复压在右手背上（对儿童可用一只手） | 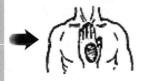 | 挤压和放松动作要有节奏，每秒钟进行一次，每分钟宜挤压60次左右，不可中断，直至触电者苏醒为止。 |
| 3 | 抢救者借身体重量向下用力挤压，压下3～4cm，突然松开。要求挤压定位要准确，用力要适当，防止用力过猛给触电者造成内伤和用力过小挤压无效 |  | |
| 4 | 触电者呼吸和心跳都停止时，允许同时采用"口对口人工呼吸法"和"胸外心脏挤压法"。单人救护时，可先吹气2～3次，再挤压10～15次，交替进行。双人救护时，每5s吹气一次，每秒钟挤压一次，两人同时进行操作 | | |

两人交替进行 →

## 8.2 接地装置的安装

### 8.2.1 接地体的安装

接地装置的安装，一般以需要接地的电气设备和建筑物的接地装置平面布置图为依据。变、配电所接地装置的安装布置，应尽量利用自然接地体和自然接地线。如果受条件限制，也可部分利用自然接地体或自然接地线，部分安装人工接地体。

 **自然接地体（线）接地线的要求**

可利用的自然接地体           可利用的自然接地线

地下金属管道    建筑物金属结构      建筑物金属结构    生产用金属结构

自流井金属管道    金属外皮电力电缆     电力电缆的铅外皮    不会爆炸、燃烧的金属管道

 **人工接地体**

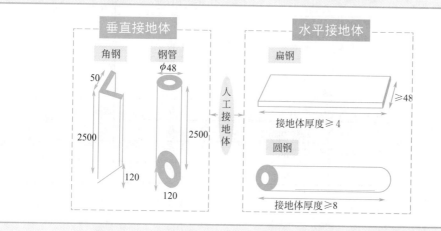

**人工接地线的选用**

**中性点接地线的选用**

接地线应采用截面积不小于35mm²的裸铜导线。

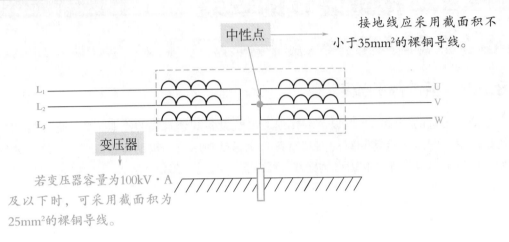

若变压器容量为100kV·A及以下时，可采用截面积为25mm²的裸铜导线。

**金属外壳保护性接地线的选用**

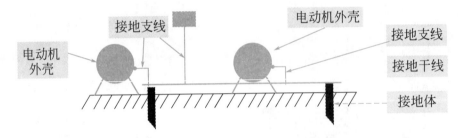

上图所示的电气设备金属外壳保护性接地线所用材料最大与最小横截面积的选用原则如下。

| 接地线类别 | | 截面积/mm² | |
|---|---|---|---|
| | | 最小 | 最大 |
| 铜 | 移动电器引线的接地线芯 | 生活用0.2 | 25 |
| | | 生产用0.5 | |
| | 绝缘铜线 | 1.5 | |
| | 裸铜线 | 4.0 | |
| 铝 | 绝缘铝线 | 2.5 | 35 |
| | 裸铝线 | 6.0 | |
| 扁钢 | 室内：厚度不小于3mm | 24.0 | 100 |
| | 室外：厚度不小于4mm | 48.0 | |
| 圆钢 | 室内：直径不小于5mm | 19 | 100 |
| | 室外：直径不小于6mm | 28 | |

快学巧学 电工基础

## 8.2.2 雷电与防雷装置

闪电和雷声的组合我们称为雷电。雷电的特点是：电压高、电流大、频率高、时间短，同时对于电气设施有着强大的破坏力。

**雷电的分类**

直击雷：雷云对地面或地面上凸物的直接放电，称为直击雷，也叫雷击。

感应雷击：是地面物体附近发生雷击时，由于静电感应和电磁感应而引起的雷击现象。

球雷是一种发红色或白色亮光的球体能通过门、窗、烟囱进入室内。有时碰到人、牲畜或其他物体会剧烈爆炸，造成雷击伤害。

雷电侵入波：雷电侵入波的电压幅值愈高，对人身或设备造成的危害就愈大。

**雷电的危害**

雷电的危害是多方面的。雷电放电过程中，可能呈现出静电效应、电磁感应、热效应及机械效应，对建筑物或电气设备造成危害。雷电流入大地时，对地面产生很高的冲击电位，对人体形成危险的冲击接触电压和跨步电压。

 **防雷装置**

雷击是电力系统的主要自然灾害之一。防雷的基本措施是：安装防雷装置，将雷电流引入大地，提高电气设备和其他设备的绝缘能力。

落地全金属体避雷针　　引雷针装在建筑物顶部　　落地混凝土电杆避雷针

 引雷针

 避雷线

材料的选用 ——→ 防雷装置所用的材料，应具有一定的机械强度和耐腐蚀性能，同时还应具有足够的热稳定性，以承受雷电流的热破坏作用。接闪器、引下线和接地体的最小尺寸见下表。

| 名称 | | 接闪器 | | | | | | 引下线 | | 接地体 | |
|---|---|---|---|---|---|---|---|---|---|---|---|
| | | 避雷针 | | | 避雷线 | 避雷网带 | 烟囱顶上避雷环 | 一般处所 | 装在烟囱上 | 水平埋地 | 垂直埋地 |
| | | 针长/m | | 烟囱顶上 | | | | | | | |
| | | 1以下 | 1～2 | | | | | | | | |
| 圆钢直径/mm | | 12 | 16 | 20 | | 8 | 12 | 8 | 12 | 10 | 10 |
| 钢管直径/mm | | 20 | 25 | | | | | | | | |
| 扁钢 | 截面积/mm² | | | | | 48 | 100 | 48 | 100 | 100 | |
| | 厚度/mm | | | | | 4 | 4 | 4 | 4 | 4 | |
| 角钢厚度/mm | | | | | | | | | | | 4 |
| 钢管壁厚/mm | | | | | | | | | | | 3.5 |
| 镀锌钢绞线/mm² | | | | | 35 | | | | 25 | | |

接地装置的安装 ——→ 防雷接地装置的安装形式有环形与放射式两种，接地电阻一般为30Ω、20Ω、10Ω，特殊情况在4Ω以下，具体数据按设计要求确定。

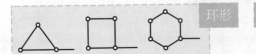 环形　放射式

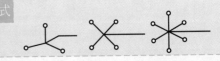

快学巧学 电工基础

## 8.2.3　防静电

静电现象是一种常见的带电现象，如雷电、电容器残留电荷、摩擦带电等。两种不同的固体材料相互接触时，在它们之间的距离达到或小于$25 \times 10^{-8}$cm时，在该接触面上就会发生电荷的转移，其中一种物质的电子会传给另一种物质。结果是失去电子的物体带正电，得到电子的物体带负电，这样就产生了静电。

把不同物质按照得失电子的难易，亦即按照起电性质的不同排列成一个静电带电序列：

**静电产生的难易次序**

(+)玻璃 ▶ 头发 ▶ 尼龙 ▶ 羊毛 ▶ 人造纤维 ▶ 绸 ▶ 醋酸人造丝

人造毛混纺 ▶ 纸浆和滤纸 ▶ 黑橡胶 ▶ 维尼纶 ▶ 聚酯纤维 ▶ 电石

聚乙烯 ▶ 赛璐珞 ▶ 玻璃纸 ▶ 氯乙烯 ▶ 四氟乙烯(−)

(+)玻璃　绸(−)　前后两种物质紧密接触或发生摩擦时，前者带正电，后者带负电。

**静电的危害方式**

**爆炸或火灾**　　静电电量虽然不大，但因其电压很高而容易发生放电，产生静电火花。在具有可燃液体的作业场所，可能由静电火花引起火灾；在具有爆炸性粉尘或爆炸性气体、蒸气的场所，可能由静电火花引起爆炸。

**电击**　　由于静电造成的电击可能发生在人体接近带静电物质的时候，也可能发生在带静电荷的人体接近接地体的时候，电击程度与储存的能量有关，能量越大电击越严重。带静电体的电容越大或电压越高，则电击程度越严重。

**妨碍生产**　　在某些生产过程中，如不清除静电，将会妨碍生产或降低产品质量。例如，静电使粉体吸附于设备上，影响粉体的过滤和输送；在纺织行业，静电使纤维缠结、吸附尘土，降低纺织品质量；在印刷行业，静电使纸线不齐、不能分开，影响印刷速度和印刷质量；静电火花使胶片感光，降低胶片质量。

采取接地、增湿、加入抗静电添加剂等措施使静电电荷比较容易地泄漏、消散，以避免静电的积累。

接地法 ••••► 接地主要用来消除导电体上的静电，不宜用来消除绝缘体上的静电，单纯为了消除导电体上的静电,使用100Ω的接地电阻即可。

采取增湿措施和采用抗静电添加剂 ••••► 采取增湿措施和采用抗静电添加剂，促使静电电荷从绝缘体上自行消散，这种方法称为泄漏法。

静电中和器 ► 采用静电中和器或其他方式产生与原有静电极性相反的电荷，使原有静电得到中和而消除，避免静电的积累。

静电中和法是消除静电危害的重要措施。静电中和法是在静电电荷密集的地方设法产生带电离子，将该处静电电荷中和掉。静电中和法可用来消除绝缘体上的静电。

从材料选择、工艺设计、设备结构等方面采取措施，控制静电的产生，使之不超过危险程度。

用齿轮传动代替皮带传动，除去产生静电的根源。

降低液体、气体或粉体的流速，限制静电的产生。

倾倒和注入液体时，防止飞溅和冲击，最好自容器底部注入，在注油管口，可以加装分流头，降低管口附近油流上的静电，且减小对油面的冲击。

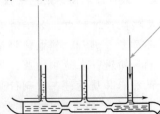

# 8.3 临时用电常识

## 8.3.1 临时用电的使用规则与原则

对基建工地、农田水利、市政建设、抢险救灾等非永久性用电，由供电企业供给临时电源的叫临时供电。

 **临时用电的规定和要求**

对临时用电有以下规定和要求。

  临时用电期限除经供电企业准许外，一般不得超过 6 个月，用电户申请临时用电时，必须明确提出使用日期。在批准的期限内，使用结束后应立即拆表销户，并结算电费。如有特殊情况需延长用电期限者，用电户应在期满前 1 个月向供电企业提出延长期限的书面申请，经批准后方可继续使用。

  临时用电如超过 3 年，必须拆表销户，仍需继续用电者，按新装用电办理。

  临时用电应按国家规定的电价分类，装设计费电能表收取电费。因任务紧急且用电时间在半个月之内者，也可不装设电能表，将用电量记录下来。

 **临时用电的使用原则**

建筑施工现场专用临时用电的三项基本原则：其一是必须采用TN-S接地、接零保护系统；其二是必须采用三级配电系统；其三是必须采用两级漏电保护和两道防线。

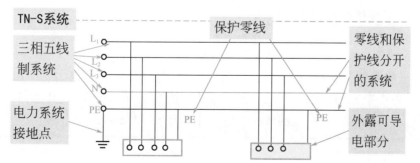

TN-S系统的中性导体和保护导体在结构上是分开的，也就是工作零线（N）和保护线（PE）是完全分开的，用于爆炸危险较大或安全条件要求较高的场所。

所谓三级配电是指施工现场从电源进线开始至用电设备中间应经过三级配电装置配送电力，即由总配电箱（配电室内的配电柜）经分配电箱（负荷或若干用电设备相对集中处）到开关箱（用电设备处）分三个层次逐级配送电力。

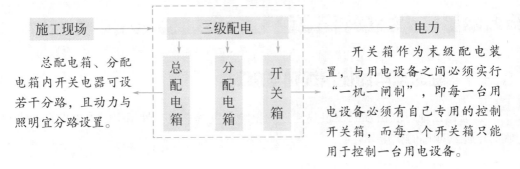

施工现场 → 三级配电 → 电力

总配电箱、分配电箱内开关电器可设若干分路，且动力与照明宜分路设置。

三级配电
总配电箱 | 分配电箱 | 开关箱

开关箱作为末级配电装置，与用电设备之间必须实行"一机一闸制"，即每一台用电设备必须有自己专用的控制开关箱，而每一个开关箱只能用于控制一台用电设备。

两级漏电保护和两道防线包括两个内容，一是设置两级漏电保护系统，二是实施专用保护零线（PE线），二者组合形成了施工现场防触电的两道防线。

1 两级漏电保护 → 两级漏电保护是指在整个施工现场临时用电工程中，总配电箱中必须装设漏电开关，所有开关箱中也必须装设漏电开关。

2 保护零线（PE）的实施是临时用电的第二道安全防线 → 在施工现场用电工程中，采用TN-S系统，即在工作零线（N）以外又增加一根保护零线（PE），这是十分必要的。当三相火线用电量不均匀时，工作零线（N）就容易带电，而PE线始终不带电，那么随着PE线在施工现场的敷设和漏电保护器的使用，就形成了一个覆盖整个施工现场防止人身（间接接触）触电的安全保护系统。因此，TN-S接地、接零保护系统与两级漏电保护系统一起称之为防触电保护系统的两道防线。

## 8.3.2 供配电系统的结构

配电系统应当按三级配电，即采用三级配电。

电源进线开始至用电设备之间，应经过三级配电装置配送电力。即由总配电箱（一级箱）或配电室的配电柜开始，依次经由分配电箱（二级箱）、开关箱（三级箱）到用电设备。这种分三个层次逐级配送电力的系统就称为三级配电系统。

配电系统的基本结构形式可用一个系统框图来形象地描述，参见下图。

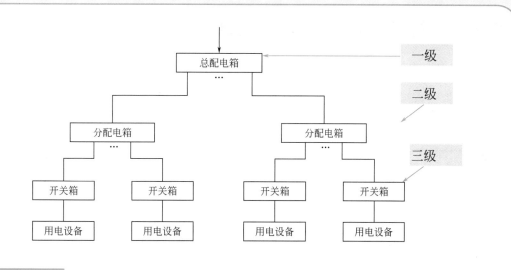

## 分级分路

一级总配电箱（配电柜）向二级分配电箱配电可以分路。即：当采用电缆配线时，总配电箱（配电柜）可以分若干分路向若干分配电箱配电；当采用绝缘导线架空配线时，每一架空分路也可去接若干分配电箱。

二级分配电箱向三级开关箱配电同样也可以分路。即从二级分配电箱向三级开关箱配电，当采用电缆配线时，一个分配电箱可以分若干分路向若干开关箱配电。

三级开关箱向用电设备配电实行所谓的"一机一闸"制，不存在分路问题。即每一开关箱只能连接控制一台与其相关的用电设备（含插座），包括一组不超过30A负荷的照明，或每一台用电设备必须有其独立专用的开关箱。

## 动照分设

与照明配电箱宜分别设置；若动力与照明合置于同一配电箱内共箱配电，则动力与照明应分路配电。

动力开关箱与照明开关箱必须分箱设置，不存在共箱分路设置问题。

## 压缩配电间距规则

压缩配电间距规则是指除总配电箱、配电室（配电柜）外，分配电箱与开关之间、开关箱与用电设备之间的空间间距尽量缩短。

### 8.3.3　临时用电配电常用保护设备

保护电器主要包括各种熔断器、热继电器、电磁式过流继电器和失压（欠压）脱扣器、低压断路器热脱扣器、电磁式过流脱扣器和失压（欠压）脱扣器等。这些保护电器分别起短路保护、过载保护和失压（欠压）保护的作用。

熔断器是利用过载或短路电流熔断熔体（熔丝或熔片）来分断电路的一种电器，它可用来保护电路、配电电器、控制电器和用电设备。起保护作用的部分是熔体，其串联在电路中，根据电流的热效应原理，当发生短路或严重过载时，因电流剧增，使熔体产生过量的热而熔化，从而切断电路，避免线路或电气设备受到短路电流或很大过载电流的损害。根据不同的线路要根据其载体的性质选择，常用熔体参数见下表。

| 熔体材料 | 直径/mm | 额定电流/A | 熔断电流/A |
| --- | --- | --- | --- |
| 铅锡合金丝 | 0.51 | 2 | 3 |
| | 0.56 | 2.3 | 3.5 |
| | 0.61 | 2.6 | 4 |
| | 0.71 | 3.3 | 5 |
| | 0.81 | 4.1 | 6 |
| | 0.92 | 4.8 | 7 |
| | 1.22 | 7 | 10 |
| | 1.63 | 11 | 16 |
| | 1.83 | 13 | 19 |
| | 2.03 | 15 | 22 |
| | 2.34 | 18 | 27 |
| | 2.65 | 22 | 32 |
| | 2.95 | 26 | 37 |
| | 3.26 | 30 | 44 |
| 铜丝 | 0.23 | 4.3 | 8.6 |
| | 0.25 | 4.9 | 9.8 |
| | 0.27 | 5.5 | 11 |
| | 0.3 | 6.4 | 12.8 |
| | 0.32 | 6.8 | 13.5 |
| | 0.37 | 8.6 | 17 |
| | 0.46 | 11 | 22 |
| | 0.56 | 15 | 30 |
| | 0.71 | 21 | 41 |
| | 0.74 | 22 | 43 |
| | 0.91 | 31 | 62 |
| | 1.02 | 37 | 73 |
| | 1.12 | 43 | 86 |
| | 1.22 | 49 | 98 |
| | 1.32 | 56 | 111 |
| | 1.42 | 63 | 125 |

| 熔体材料 | 直径/mm | 额定电流/A | 熔断电流/A |
|---|---|---|---|
| 铜丝 | 1.63 | 78 | 156 |
| | 1.83 | 96 | 191 |
| | 2.03 | 115 | 229 |
| 青铅合金丝 | 0.08 | 0.25 | 青铅合金丝的熔断电流均为额定电流的2倍 |
| | 0.15 | 0.5 | |
| | 0.20 | 0.75 | |
| | 0.22 | 0.8 | |
| | 0.28 | 1 | |
| | 0.29 | 1.05 | |
| | 0.36 | 1.25 | |
| | 0.40 | 1.5 | |
| | 0.46 | 1.85 | |
| | 0.50 | 2 | |
| | 0.54 | 2.25 | |
| | 0.58 | 2.5 | |
| | 0.65 | 3 | |
| | 0.94 | 5 | |
| | 1.16 | 6 | |
| | 1.26 | 8 | |
| | 1.51 | 10 | |
| | 1.66 | 11 | |
| | 1.75 | 12.5 | |
| | 1.98 | 15 | |
| | 2.38 | 20 | |
| | 2.78 | 25 | |
| | 3.14 | 30 | |
| | 3.81 | 40 | |
| | 4.12 | 45 | |
| | 4.44 | 50 | |
| | 4.91 | 60 | |
| | 6.24 | 70 | |

注：1.铅锡合金丝：含铅75%，含锡25%。

2.铅锡合金丝的熔断电流是指2min内熔断所需的电流。

3.铜丝熔断电流是指1min内熔断所需的电流，2min所需电流为1min的90%以上。

 **热继电器**

热继电器常用在磁力启动器、降压启动器、低压断路器等设备中作过载保护器件。

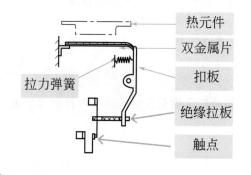

热元件
双金属片
扣板
绝缘拉板
触点
拉力弹簧

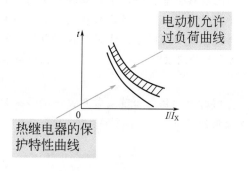

电动机允许过负荷曲线

热继电器的保护特性曲线

第8章 安全用电常识

211

低压配电线路要根据用电设备的负荷类型、大小和分布情况进行合理的设计和布置。配电线路接线方式一般有放射式、树干式和混合式三种。

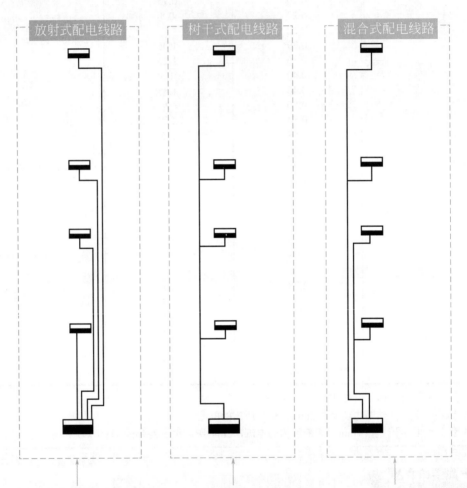

放射式配电线路　　　　树干式配电线路　　　　混合式配电线路

这种线路可靠性好，如果某一线路发生故障，不会影响其他线路供电，但由于线路较多，投资费用大，因此只在用电设备集中的地方，才采用该方式的线路供电。

树干性供电线路是变压电所引出干线，沿干线走向从干线再引出若干支线，向用户供电，这种供电线路可以节约导线，但供电可靠性差。

有时根据建筑物的具体情况，可以把放射式和树干式两种接线结合起来使用。

临时性的供电为节省费用，一般多采用树干式的线路供电，临时线路经批准后使用，必须限期拆除。

# 8.4 照明灯具的安装

## 8.4.1 室内照明灯具的安装

 **照明灯具的安装要求**

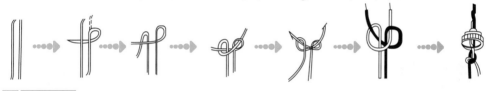

| 1 | 灯具安装牢固 | → | 固定灯具的螺钉或螺栓应不少于两个，质量超过3kg时，应固定在预埋的吊钩上或螺栓上；小于1kg时，可直接用软导线吊装；其吊装方式如下；在1～3kg时应用吊链吊装。 |

| 2 | 关于灯具接地 | → | 灯具金属外壳接地、接零线时，应有接地螺栓与接地网连接。 |
| 3 | 吸顶灯具散热 | → | 吸顶灯具采用木制底台时，灯具与底台间应有隔热措施。表面温度较高的灯具，不能在易熔材料上安装吸顶灯具。 |

 **白炽灯的安装接线原理**

单控白炽灯、双控白炽灯、多控白炽灯、数码分段开关控制等白炽灯的接线原则如下。

**一个开关控制一盏灯**

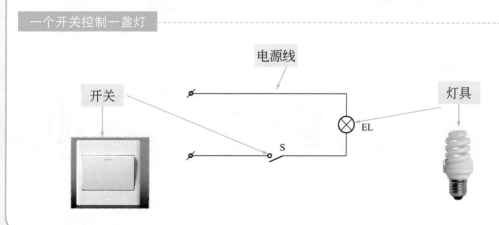

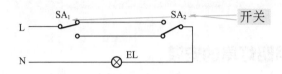

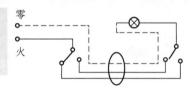

开关之间三根线，零线经过不许断，电源与灯各一边。现在大多采用声控灯，接线方便也比较实用。

荧光灯的接线原理 ····················································································

荧光灯的接线原理如下：

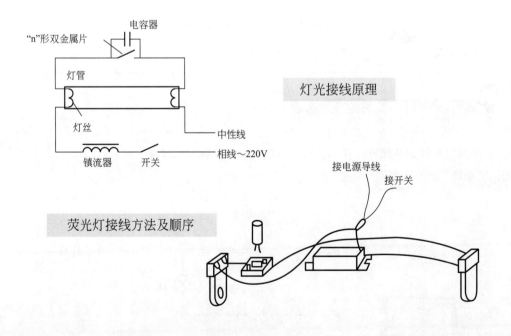

灯光接线原理

荧光灯接线方法及顺序

## 8.4.2 室外照明灯具的安装

 **室外照明灯具的安装要求**

室外照明装置的安装要求 - - - - - - - - - - - - - - - - - - - - - - - - - - - -

| 1 | 灯具与环境关系 | ➡ | 灯具、开关选型与环境相适应，如室外常用马路弯灯、防水接线开关。 |
| 2 | 灯具的安装高度 | ➡ | 固定安装的灯具，应符合最低高度要求，例如路灯距地不低于5.5m；导线明敷接入室外灯具应做防水弯，防止进水。 |
| 3 | 安装灯具的支架 | ➡ | 室外施工现场安装的碘钨灯、卤钨灯、投光灯等，应有稳定的支持支架，灯具安装应牢固，灯泡离易燃物应大于0.3m，金属支架要可靠或接地（或接零）。 |

移动照明装置的安装要求 - - - - - - - - - - - - - - - - - - - - - - - - - - - -

| 1 | 照明电压 | ➡ | 电压不大于36V，在特殊潮湿场所或导电良好地面上以及工作地点狭窄、行动不便的场所行灯电压不大于12V。 |
| 2 | 变压器的安装 | ➡ | 变压器外壳、铁芯和低压侧的任意一端或中性点，接地（PE）或接零（PEN）可靠。 |
| 3 | 行灯变压器 | ➡ | 行灯变压器为双圈变压器，其电源侧和负荷侧有熔断器保护，熔丝额定电流不应大于变压器一次、二次侧的额定电流。 |

| 4 | 灯具的选择 | ➡ | 除了在有些特殊场所，如电梯井道底坑、技术层的某些部位为检修安全而设置固定的低压照明电源外，大都是选择移动便携式低压电源和灯具。 |

**1** 行灯变压器的结构 ➡ 变压器应具有加强绝缘结构，如下所示。

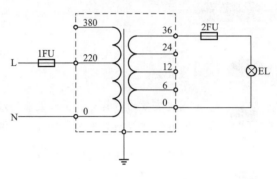

当变压器不具有加强绝缘结构时，如下所示，其绕组的一端应接地（接零）。

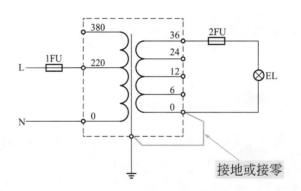

**2** 绝缘电阻的规定 ➡ 绝缘电阻应合格，符合以下规定：
①一次与二次线圈之间，不低于5MΩ。
②一次与二次线圈分别对外壳不低于7MΩ。

**3** 变压器的线圈 ➡ 变压器二次线圈保持独立，既不接地也不接零，更不接其他用电设备。